JN314640

水の恵みを受けるまちづくり

郡上八幡の水縁空間

渡部一二

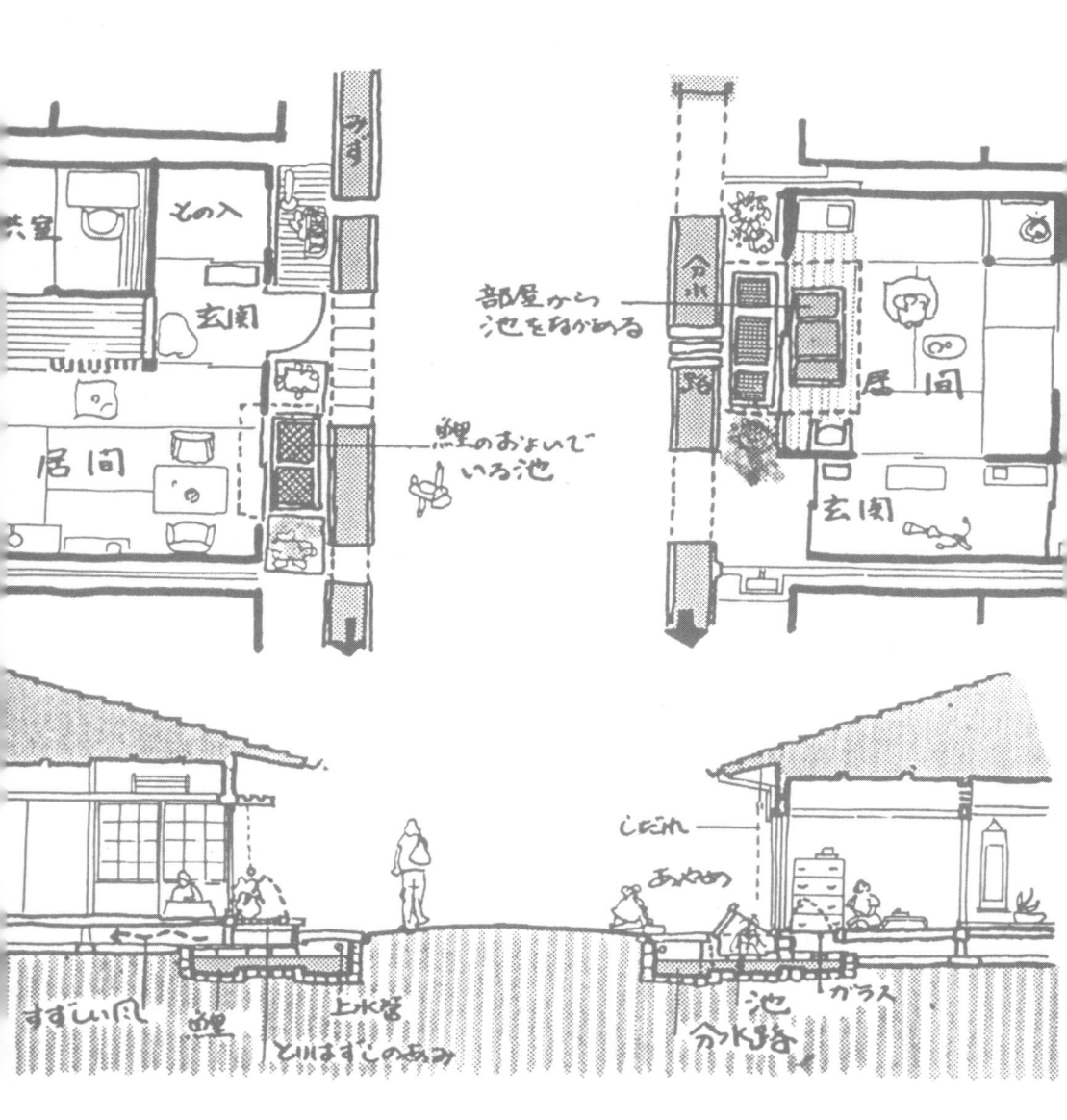

鹿島出版会

はじめに

　清い水が、サラサラ……、コロコロ……と水音を奏でている古い歴史をもつ町に心ひかれて、カメラとスケッチブックを片手に水路のほとりを歩きはじめて四十数年が過ぎた。
　美しい水辺風景をさがし歩くきっかけとなったのは、東京オリンピック開催を旗印とした改造計画を進めるため東京のいたるところにあった河川や水路空間のなかにコンクリートの巨大な柱をうちたて、その上部を高速道路にする工事現場を眼前にしたときからである。
　江戸、東京の人びとの生活、経済、文化を空間的に支えた日本橋川、神田川、隅田川などの中央部や水際に道路を支えるコンクリートの列柱群を見たときは、一瞬、息がつまる思いだった。
　「川の環境や空間をつぶして都市をつくる計画は、将来、砂漠化を招く」と思った。

◉ 城下町の水路調査をはじめる

　当時、建築学を専攻する学生であった私は、「人間性を重視した魅力ある都市空間をデザインできる能力を修得したい」と心に秘めていた時期でもあったので、いためつけられている水辺空間の様相は、そのとき以来、脳裏から離れることはなかった。
　国内外の都市のなかで、河川や水路などの水辺空間が大切に活用されているところはないものであろうか……と、大学の先生や、先輩にたずねているうちに、まず、国内の城下町を探訪しようと考えた。
　京都、金沢、高山、倉敷、前橋など、地図をたよりに水辺空間筋を歩くうちに、清流のある都市空間は、潤いに満ち、景観は美しく、活気ある生活がいとなまれている、と実感した。水辺空間こそ都市のオアシスだと思うようになった。
　そして、歴史をもつ大小の城下町を対象にして本格的な調査、研究に着手し、水辺空間の特性、効用、価値などを明らかにすることができた。これらの成果は『生きている水路』(1981年、東海大学出版会)や建築学会の研究論文集に公表することができた。

● 「水」の町、八幡町との出会い

　美しい水辺空間を保有する城下町の水利用調査を始めて数年が経過したころ、調査活動中に知りあった堀込憲二君（当時は大学生）から「昔からの水利用形態が残されている町──郡上八幡という城下町がありますが調査をしてみませんか」という誘いをうけた。その年の夏（昭和48年）岐阜県、長良川の上流にある八幡町（当時）の水辺空間と出会ったのである。（写真1）

　町内各地には、湧水をもち、それらの水を集めて流す小水路がはりめぐらされていた。それらの水は多面的な水利用形態を形成し、昔ながらの面影をとどめ、清掃など手のゆきとどく水路管理人がいるのをみて深く感動した。水の恵みをうけられるのは、そこに住まう人が常に見守り、良好な水条件を保つように手入がなされているからだと思ったのである。

● 水利用形態を作図して残す

　また、今まで調査してきた数十の水路のある町には見られなかった立体的な水路網方式をもち、住人による綿密な水管理体制を維持しつつ、水のもつ特性（生活用、防火用、親水用、景観用、祭事用、……など）をあますところなく活用する「知恵」があると感じとったのである。

　「水を多面的に使う知恵は、どこに起因し、その結果、どんな効用を町の人々は得ているのか？　これまで試みてきた水環境調査法を駆使して解明してみたい、そして水利用のノウハウを授かりたい」という期待をもって本格的調査を決意し

写真1　八幡町の清流・乙姫谷川の洗い場風景

た。

　もうひとつ心にとどめていたのは、「町なかの伝統的な水利用形態とその空間を可能なかぎり詳細に図化し、写真で記録しておく」というものであった。

　八幡町の都市的空間にあった水利用形態は、当時、上、下水道や、車道などが未整備であったし、洗濯機など家電製品がゆきわたっていない近代化前の水利用方式（これを伝統的水利用形態と言う）であった。

　この町も、ゆくゆくは都市化が進み、生活が合理化されていくことにより、これらの伝統的水利用形態は、他の城下町と同様に消滅していく運命にあることを、各地の城下町の水利用調査体験から察知したのである。

　八幡町に残存する通水システムに支えられた水利用形態を失うことは、永年にわたって日本人が考えだした「水の文化」の結晶を、実例として体感することができなくなる、と心配したのである。

● 伝統的水利用空間の継承

　今、ふりかえってみると、当時想い描いた心配事は現実化し、各住戸で利用されていた水利用行為は数が少なくなり、水路利用する人が高齢化して水管理する町内会がなくなったり、水利用で活気あふれた洗い場に人が集まらなくなったりする状況がみられるようになっている。

　伝統的水利用は、集住地に用水路をめぐらし、それらの水と空間を多面的に利用する方式のうえに水辺と共生する文化を醸成してきた。

　日本の水文化が、現代的都市化の波をうけつつも、かろうじてその原型を継承しているのが八幡町の水辺空間であった。

　当時は、筆者らができることは、すこしでも正しく各種の水利用形態を記録することだと考えた。そこでこれらの調査作業をするなかで、継承する、保全する、活用するなどの知恵を見出そうと考えたのである。

● 水利用調査活動のこと

　町に長期間滞在する本格的調査を開始したのは、昭和48年の夏からであった。調査メンバーは、大学生や建築設計事務所に勤めている人が多くを占め、夏休み、連休を利用し平均して3〜5人が東京から八幡町へかよい続け、約4年の歳

月を経て現地調査(第一期調査)を終了した。その成果の一部は『都市住宅1977.03 特集』(1977年、鹿島出版会)と『水縁空間——郡上八幡からのレポート』(1993年、住まいの図書館出版局)で発表した。

　本書では、これらを合せ要約したものを1章および2章で解説している。

　調査当初、町内には知人や調査協力者がいなかったため住居内に入って水利用行為の記録(図化と写真撮影)作業を行うには様々な苦難が続いた。

　間もなく幸運なことに、筆者が勤める大学を卒業され、町の水のことに熟知されている水野政雄氏とその級友である柴田勇治氏(八幡町が好きになり住みついた作家)に出会い水先案内をしていただくことになり、町内の要人などに紹介され人脈が波及していった。

　この二人によって、地元の方々と水を媒介とした付き合いが始まった。

　そのなかには、アユ釣りの名人で木彫家の(故)安福康次氏、詩人の水野隆氏、『郡上』(季刊誌)の編集長を勤め宗祇水の水番人・(故)谷沢幸男氏、「さつきの会」の役員の方々、八幡町長(当時)中沢耕作氏、宗廣亮三氏や、民宿を快く貸してくださった人々に水にまつわる聞き込みができたし、協力が得られたことで調査活動は、水の流れるように進展することができた。ここに感謝の意を記させていただく。

● **町内の人たちに水空間活用の報告をする**

　調査が進み成果が見えるようになると、その様子を発表する機会が多く与えられるようになった。地元の新聞、ラジオ、テレビ、建築学会の学術論文、講演会などを通して八幡町の水利用特性について語ってきた。

　なかでも、「さつきの会」主催の講演は、筆者らが町に行くたびに開かれた。ここで力説してきたことは調査で知り得たことを中心にして、

1. 国内でも、最も水を多面的に利用してその恵みをうけている町であり、日本の伝統的形態を残存している水辺空間をいまも利用している。
2. 町全体が水路でおおわれ、「水利用の博物館」のようになっている。
3. この水利用形態を大切に利用しその造形を伝承することで「水の町・郡上八幡」として栄えてゆく。

4. そのためには、水辺空間の価値を町民が認め保全、活用に積極的に参加する人材を育てること。
5. 以上のことを基調として、まず町なかの水浄化計画をたてその実現に町の総力を結集する必要がある。

の5項目について、調査成果を活用し、繰り返し方法をかえて八幡の人々に提言してきた。

●「名水百選」に選ばれる

この筆者らの提言に対して強力なバックアップが到来した。

昭和60年3月、環境庁（当時）が実施した全国「名水百選」に八幡町が選ばれたのである。

この出来事は、名実共に「水の町」として全国に知られる記念的イベントになり、そのシンポジウムが八幡町で開催されたのである。このいきさつや内容は4章で解説している。

水利用に関する調査活動を通して知りえた成果は、まず町に還元し、水の町としての発展に寄与したいと考えた。

水の力をかりて町が豊かになり、日本の伝統的水文化を継承できる町づくりになる方法が、町の人々と語りあうなかで鮮明になった。それは、町行政に水の町として水空間活用の「マスタープラン」がなければならないということである。

このテーマを町役場の関係者や町内会の有力にうったえて歩いた。

これには長い歳月を要したが「名水百選」の町にふさわしい環境にするというスローガンが町内にゆきわたっていたことから「水資源を活用したマスタープラン」、「水空間を核としたポケットパーク計画」、「町内の水浄化計画」の3部間の調査、計画、デザインを依頼された。

これらの作業と完成した水辺空間などの内容は3、4、5章で紹介している。

●「水縁」から水の恵みをうける町へ

昭和48年夏、郡上八幡町の水空間との出会いが「水縁」となって、多くの人々の協力や、水のもつ自然力に支えられて第三次までの調査をおこない、このプロセスのなかで、水の町としての提言、計画、デザインなどにかかわらせていただき約37年が過ぎた。

その間に学んだこと、知り得たこと、伝統的水利用形態保

全、活用する造形デザインとして残し得たものなどは、言葉にはいい尽せないほど多大であり、濃密なものとなった。

　八幡の水からうけたこれらの経験と教訓を可能なかぎり多く後世に伝えたいため、本書の刊行を発意した。
　この書が「水縁」となって、八幡の水、各地の水辺空間を語っていただく機会が生まれることを深く念じている。

2010年8月
多摩川支流　仙川のほとりで
渡部一二

刊行によせて

　郡上八幡は長良川の上流部に位置する山深い小さな城下町である。ここで生まれ育った私にとっては周囲の山々と町の中央を流れる吉田川、街のいたるところを流れる谷川や用水路など、すべてが遊び場であった。
　昭和53年、町役場へ入ったが、この街のことは暮らしの場として捕らえるだけで特段の思いはもっていなかった。
　そんな頃、渡部先生達、水環境造形グループが発表された全国の水辺環境に関する研究リポートの報告会がこの街で開かれた。
　そこではこの街の水環境が全国的にも大変貴重なものであることを知り、大変驚いたことを思い出す。
　その後、街の水環境施設の再整備や新たな施設整備などを一手に携わってきた関係から先生とは30年を超える親しいお付き合いをさせていただいている。
　先生は「人と水の付き合い方」や「水をうまく活用する街のあり方」など、人の暮らしに欠くことのできない水辺をテーマに40年余りの長きに亘り全国の事例を調査され、暮らしと水辺のあるべき姿について調査、研究をしてこられた。
　特に、郡上八幡には毎年、足繁く通って頂き街を想う住民たちと一緒になってこれからの郡上八幡について語り、その取り組みを導いてこられた。先生の郡上八幡を愛し、労を惜しまない取り組みの結果が現在の「水の町郡上八幡」を形創ったといっても過言ではない。
　利便性や経済性を優先するあまり、人と水とのかかわりが急速に疎遠となり、殺伐とした街が多くなった現在、先人の知恵を粘り強く調べ上げてきた先生であるからこそ、歴史の中で残った水辺が自然の摂理に適い、美しく、心地良いことを熟知されている。
　そして、調査に裏付けられた水辺に対する敬意と憧れを持ち続け、更により良い水辺環境の創造に臨まれている日本においては数少ない研究者の一人であろう。
　本書では、先生のライフワークである郡上八幡をフィールドとした調査、研究と取り組みについて豊富な資料と丹念な書き込みにより余すことなく網羅されている。そしてこの中には、これからのまちづくりに向けた先生の多くのメッセージも込められている。
　街のあり方と人の暮らしを考える明確なヒントが詰まった本書を多くの方々に手にとって頂き、より美しく心地よい環境の創造に向けて是非とも役立てていただければと願ってやまない。

2010年6月
郡上市役所都市住宅課長　武藤隆晴

目次

はじめに ……………………………………………………………… 003
刊行によせて ………………………………………………………… 009

1章　水利用の知恵を保つ町

1.1　水利用のあらまし（1977年頃の記録） ……………………… 014
町の中を流れる水の通水方法
住民と水路の関わり

1.2　水の恵みをもたらす水路空間 ………………………………… 021
住民が水を管理して恵みをうける
「水舟」がある住空間
水音が響く街並

1.3　八幡町の歴史的変遷 …………………………………………… 025
郡上郡の誕生から築城頃
承応元年の大火と町なかの水路
大正から昭和48年（1973）頃まで

2章　八幡町域の地形構成と水空間

2.1　水空間を核とする水圏域の成立 ……………………………… 030
古代の水利用遺構
水利用圏域の意識
街の配置と水利用の変遷
水利用圏域の変遷

2.2　水利用圏域と水利用形態（ケース・スタディ） …………… 034
街なかにある水利用形態の調査結果
上柳町 ／ 職人町 ／ 乙姫谷川東岸 ／ 中坪一、二、三区 ／
新町・今町（商店街）／ 下小野

2.3　水の多面的利用を成立させている要因 ……………………… 053
水源ごとの水利用形態
河川空間 ／ 用水空間 ／ 湧水空間 ／ 井戸水 ／ 上水
水利用を媒介とした「水縁」組織の成立

2.4　「水縁空間」論を八幡の水から学ぶ ………………………… 058
水による自然的作用
水路の利用価値を高める「水縁空間」

3章　水の恵みを生み出す「水利用形態」

3.1　水源の確保と通水方式 …………………………………………………… 064
　　　河川水
　　　用水
　　　湧水
　　　井戸水
　　　私設簡易水道
　　　上水道

3.2　水路網と取水・分水方法 ………………………………………………… 068

3.3　多面的な水利用形態 ……………………………………………………… 071
　　　生活用水
　　　防火用水
　　　生産業用水
　　　環境用水
　　　水力利用
　　　親水空間利用
　　　水上交通
　　　水に関わる祭事
　　　川にいる魚
　　　水にまつわる風物詩
　　　風習、伝承、文人
　　　水を核とする「共同体」と「かたち」

4章　「水の町」再生に向けた提案、イベント、計画へ

4.1　水環境調査の成果を町づくりに向ける ………………………………… 088

4.2　水の恵みを受ける「マスタープラン」の策定 ………………………… 089
　　　水空間活用の「マスタープラン」
　　　「水浄化計画」の概要
　　　水に関するイベントの開催
　　　水空間を核とする「ポケットパーク」づくり

4.3　「名水百選」シンポジウムの開催 ……………………………………… 091

4.4　「水浄化」構想計画 ……………………………………………………… 094
　　　流水汚染の状況
　　　河川水質変化の要因
　　　水路環境の実態
　　　水浄化対策の基本的な考え
　　　家庭を中心とする発生源対策の重視
　　　排水の集水・排除施設の整備
　　　水浄化に向けた提案

水浄化施設整備までの対策
　　　旧八幡町が実施した「公共下水道」

4.5　水空間を核にした「ポケットパーク計画」……………… 101
　　　計画の背景
　　　公共空間調査からの提案
　　　水空間を活用したポケットパーク計画と住民参加
　　　ポケットパークの造形デザイン
　　　回廊状に配置したポケットパーク計画手法
　　　水の力を引き出した「水の町」

5章　「水の力」を活用する「ポケットパーク」づくり

5.1　ポケットパークづくりの背景 ……………………………… 110

5.2　水の恵みを引き出すポケットパーク ……………………… 112

6章　「水の恵みを受けるまちづくり」の課題 ……… 127

　　　昭和50年頃の八幡の「水の恵み」をもたらす水空間 ……………… 130
　　　水の恵みを受けているまち　水辺との出会いマップ ……………… 134
　　　八幡町の水に関する活動の年表 ……………………………………… 136

　　　あとがき ………………………………………………………………… 138

1章

水利用の知恵を保つ町

川掃除当番

1.1 水利用のあらまし (1977年頃の記録)

町の中を流れる水の通水方法

　岐阜県郡上郡八幡町 (現在、町村合併して郡上市となっている) は、三方を山に囲まれ、中部山脈を源流とする長良川の上流・吉田川と小駄良川が合流する水域をかかえる、市街地人口約1万人の旧城下町である。

　昔から金山、高山、白川郷や美濃各地に通じる交通の要所となっており、城下町として栄えた風情を今なお街並にとどめている。

　町の位置は、北に位山分水嶺山脈を連ねる地勢をもち、年間総降雨量2800ミリ、年平均気温13.4度と高温多湿で、地層は石灰岩を多分に含む複雑な褶曲構造となっている。そのため町を囲む山々は、保水力に富み、豊富な湧水や冷泉をいたるところで湧出するという地理的特性を備えている。

　住民は、これらの水の恵みを受けるため近くにある谷、沢、川、湧水池の水を、簡単な水門をつくり、小用水路に導水している。

　家々は、家の前を流れる用水路に「せぎ板」(18ページ写真4)をつい立て、水位が高くなったら水面で水洗いしたり、自家の側溝に通水させて水舟などに貯水して様々な水利用を行う方式を備えている。利用済みとなった水は再び用水路に戻され、その下流で再び引水して利用しているところもある。これらの水の流れによって街並は潤い、清さを保っている。

　街の中を流れた水は、最下流部で集水され吉田川に入れられたり、水田用水に導水され長良川へと入っている。

　河川水系から見ると、用水路を活用していることで水の反復利用を人工的に組み込んだ町といえる。

　街路わきを流れる水路では、住民が思い思いに工夫して生活を楽しんでいる風情に、いたるところで出会う。

　隣接する商家の軒下が広いため、多面的な機能を果たす空間となり、水路の水利用がしやすくなっている。このぬれ縁となっている水路が通る軒下空間は、四季を通じて流下しているので盆栽用の撒水、川魚の成育、主婦たちの洗い場として何軒かの家が共同で使っているところもある (これをカワドともいう)。また子供たちの水遊び場、民芸品の陳列コーナーを演出するのにも一役かっている。

図1　日本の中央部に位置する郡上八幡

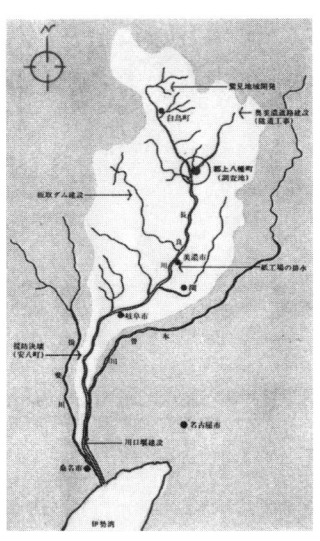

図2　八幡町の概要 (1977年頃)
〈面積〉241.5km^2 (全体面積の92%を山林が占めている)
〈人口〉19,932人 (1973年) 〈市街地人口〉約10,000人〈位置〉市街地 (今町の十字路) /東経135度57分/北緯35度40分/岐阜市まで54.4km/高山市まで72.8km
〈自然環境〉東に日本アルプスの霊峰、東、北、西部に木曾、西飛越美、伊吹の5つの山岳の大自然に取り囲まれている。
〈地理的特性〉河川は山脈の間を縫い、長良川を最大とし、その支流に奥明方北方を水脈とする吉田川が流れる。
〈気候〉気温 (累年平均温度) =13.4度、降雨 (年総降水量) =2,738mm。全国でも多雨地域に属している。降水日数=累年平均158.4日。1年のうち半数近くが雨が降る日となっている。
〈地質〉古生層からなり岩石は珪岩、粘板岩、硬砂岩、頁岩、石灰岩などであり、等斜褶曲構造をなしている。

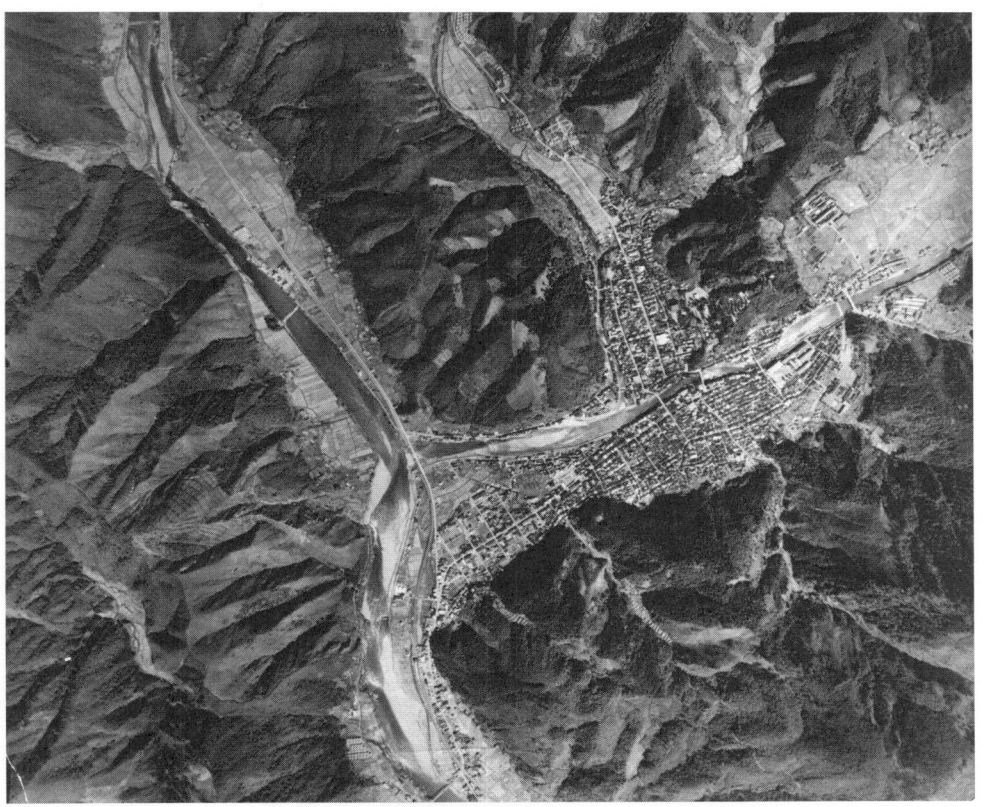

(上)写真1　八幡町市街地上空の写真（1970年頃）
(右)図3　八幡町(郡上市)への交通網(2009年)

水利用のあらまし　015

写真2　八幡城から眺めた町の全景。中央に見える水面が吉田川（1975年頃）

写真3　吉田川に架かる「宮ヶ瀬橋」周辺の風景

図4　八幡町市街地周辺の観光施設等の案内図

物件No.	物件名	所在地
19	天龍峡	天龍
20	高雄神社	市島
21	郡上八幡自然園	有坂
22	楊柳寺	五町
23	大鍾乳洞	美山
24	穀見処刑場跡地	穀見
25	ラドン温泉	千虎
26	大滝鍾乳洞	安久田
27	縄文洞	安久田
28	オートキャンプ場	安久田
29	観光ヤナ	中野他
30	那比新宮神社	那比
31	高畑温泉	那比
32	高賀山	那比
33	五町桜堤	五町

図5　八幡町市街地位置図（1977年頃）

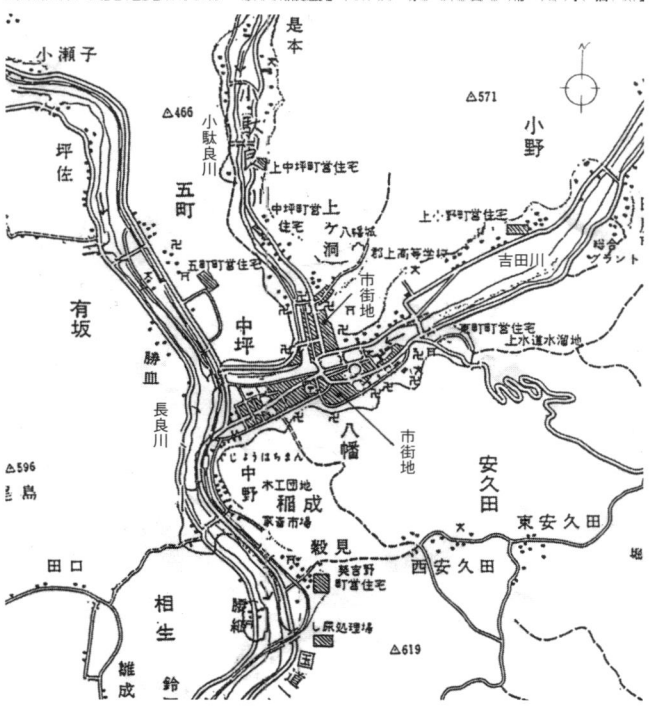

水利用のあらまし　017

この水路で最も大切な役割は、防火用水として活用されることである。その他、雪どけ水の排水、夏場の街並に涼風を通してくれたり街路の散水にも使われるなど、住人の好みと、旅人へのもてなしの心が加わって、八幡ならではの風情をかもしだしている。

写真4　用水路につい立て水位を上げる「せぎ板」。伝統的水利用の装置

住民と水路の関わり

　町なかを流れる水路に注目して調査してゆくと、住民の多くが、水の清さを守るのに労り心をもって、水辺の清さを保つなにげない行動をとっていることがわかる。

　町の中には、吉田川、小駄良川と二本の大河川が流れている（図5参照）。この川は、町の人々が川魚漁で生業を営んだり、憩いの場にしたり、子供たちの水遊び場にするなど住民との結びつきが深い水空間である。川を汚染するようなことがあると、自分たちの生活に大きなマイナスになることをよく知っている。

　そのため、「水を使う」「水を汚す」という行為には厳しいルール（取り決め事）を設けて守ってきた。現在でも、洗うものの順序や場所、時間が決められている。

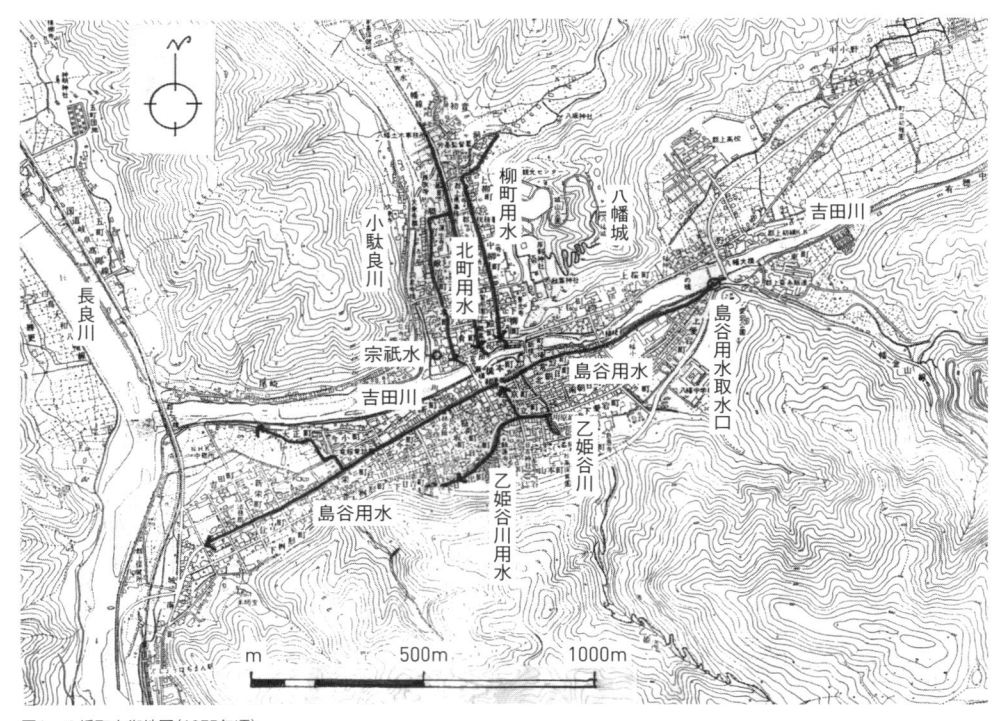

図6　八幡町市街地図（1975年頃）

写真6 「うだつ」を並べた街並の風景。町屋の足元を用水が流れている。この用水路は個人用の洗い場用に利用されている

写真8 水路の水で回転する「いも洗い器」(職人町)

写真10 夏の夕方。北町用水路から水をすくって水まきをしている風景。夏の風物詩(本町)

写真11 吉田川で水遊びに熱中する少年たち

写真7 柳町用水は街並風景の空間軸となっている。用水のほとりで洗い物する人。まわりには盆栽が置かれていたり、魚を観賞する小池が設けられている

写真13 島谷用水路で養われている鯉(新町筋)

写真5 旧役場前に新たに設置された「水舟」

写真12 街の中には、用水路を清く使いあえるようにするための「水利組合」がある。その当番を示す「当番標」

水利用のあらまし 019

写真9　乙姫谷川上流の「共同洗い場」。井戸端会議のにぎわいが聞こえてくる

　用水路には、水利用組合があって用水区間ごとに清掃当番が置かれ、水の管理には責任をもってあたるなどしてきた。それらの行為は、習慣として守られてきた。
　水利用するうえで欠かせない要件は、この町で見られるように、上流で利用された水は用水路などによって河川や水路に戻し再利用されるプロセスの中で、生産業（漁業・農業・観光業など）を営んでいることである。
　同一水系内で水を再利用するしくみを成立させている方式を筆者は、「水循環利用形態」をもつ町とみて注目した。
　町の中心部にある商家では、街路わきを流れる水路から水を引き込み、鯉や川魚を育てているところが多い。ある商家の若主人は、「この用水で育った鯉はもう10年近くも生きており、大きくはなったがよくなついて可愛いものです。そのなかの何匹かは2尺近くにもなりました。私の少年の頃は、この用水路が道路の中央を流れており、図体の大きな鯰もおりました。鮎が飛び出して道の上で跳ねていたこともありましたが、今では車優先のアスファルトの車道となり、用水路は道路際に寄せられて、こんなに狭い水路となり、コンクリートで固められてしまったんですよ」と、昔のことを思い出しながら淋しさをかくせぬ調子で語っていた。
　それでも、ここはまだ町の人々が共有する用水路を労り、鯉の元気な姿を眺めて生活を楽しむ水辺の風情が残っている。

1.2
水の恵みをもたらす水路空間

住民が水を管理して恵みをうける

　町の中を流れる水の調節方式で欠かせない要件のひとつは、水利用者が人工的手段（水門やせぎ板の操作）で流水量の調節を行える水路網を付設していることであった。この方式と水路網の管理を住民が参加した共同体として保有していることによって、水利用の利便性を住民の多くが共有していることが、八幡町の特性のひとつである。

　水に関する環境汚染や、多くの公害となった原因をたどると、人間が放出した廃棄物の後始末を自然環境に押しつけたことにあった。この人間側の行為を反省し、その償いの努力をしてゆくことが求められている時流にあって、水利用の反復方式の存在価値は大なるものがあろう。

　八幡町は、町内の水利用の終末部からこの水を河川に返して水産業を営んだり、農業用水として水田に入れて稲作を行うなど、排水の点検が行われてきた。その方式は、伝統的水利用の原点となる水路網形態にあるといえよう。

　この通水方式が数百年にわたって運用されたことで、水のもたらす恩恵は多面的領域に広がっている。

　市街地は、およそ1万人の人々が密集して生活してきた旧城下町で、周辺の山すそから水を集め、小規模の水路をめぐ

図1　水路に「せぎ板」をつい立てることで、水位を高め水洗いがしやすくなる

図2　吉田川水域の街の中の水利用形態（概要）

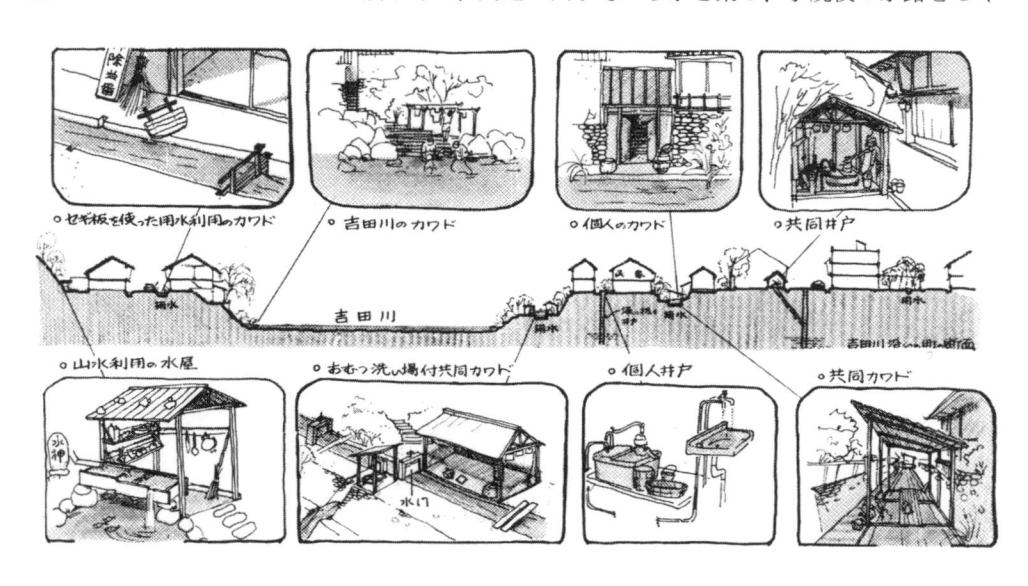

らして水利用の特質をよみとった水利用の形態は、様々な形でそれを見る者に語りかけてくる。

　都市における水空間の存在は、潤い、清め、洗い流し、生命あるものを育み、再生を促す総体的な生命力を発揮する役割を果たしている。

　八幡町の水利用の様子をこまかく読み解いてゆくと、自然的環境要素としての水が、物的環境にとどまらず人間の感情領域にまで入り込み、心を豊かにしたり、ときにはロマンの香りを与えてくれる素材にもなっている。実にありがたい存在であることを、この町から学んだのである。

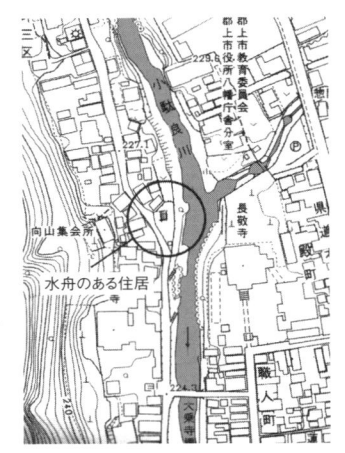

図3　水舟のある住戸の案内図

「水舟」がある住空間

　町のほぼ中央部で吉田川に合流する小駄良川がある。合流点から500mほどさかのぼった右岸に近接して、70年ほど前から住んでいる（調査当時のこと。現在はこの家はない）という民家を訪ねた。住宅の庭先には水舟が置かれ、水の落差を応用した様々な水利用がされていた。

　八幡町では、湧水や谷戸川から水を引き、それを受ける「水舟」の利用がさかんに行われているのを町内で見てきたが、この家の水舟と家の位置関係、飲用・食器洗いなど水利用の多用性、道、庭、畑、川辺の空間利用などによって構成された住空間のありかたには、水空間利用の知恵を見た思いがした。

　森林が茂る大乗寺のふもとから湧き出る水は、そこに住む人々の永い間の工夫によって100坪たらずの敷地に、素朴ではあるが、自然環境の特性をうまく引き出した豊かな生活環境をつくりあげていた（図4,5）。

　地中に滞水している水をパイプで引水して「水舟」で受け

写真1　使い古された水舟。水源は湧水をパイプで引水している

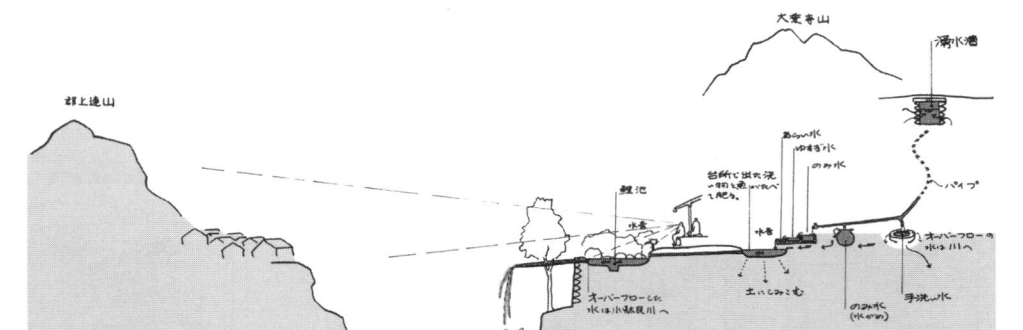

図4　水利用を断面的に描いた図

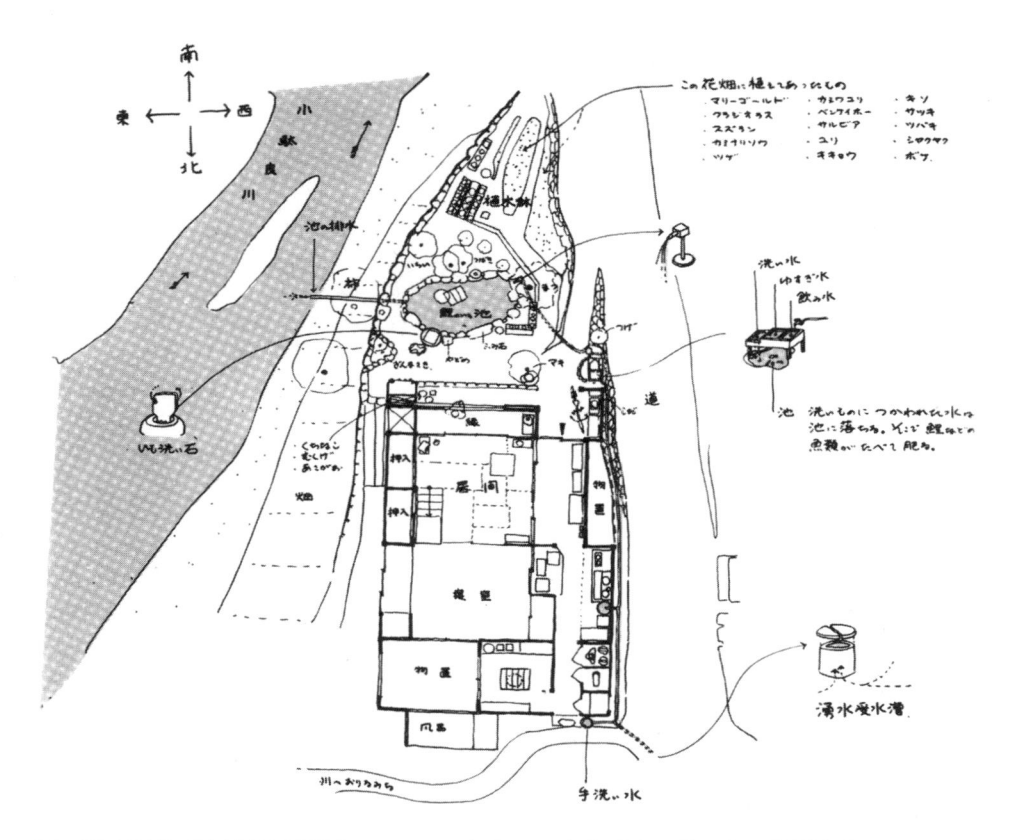

図5　小駄良川右岸に接する住居の水利用図（1975年頃）。（この場所は駐車場になった）

る。この水舟は、受水面が三段になる箱型をなしている。これは、多目的水利用に適した造形だと思った。

その家に住んでいる年配の方の案内と説明を聞いて、湧水確保から水利用全体の方法を図に示した（図5）。

湧水は、パイプでまず台所の水瓶に引き込む。途中で分水し、家の前の水舟に引水される。上段で受けた水は飲み水、中段はすすぎ水、下段は洗い水といったように三段状に区分された水舟のまわりには、水を利用する器、ひしゃく、なべ、石けんなどの日用品が置かれていた。家人は案内の途中、上段に溜められた水をガラスコップですくって筆者にすすめてくれた。

木でつくられた水舟の下には、オーバーフローした水が落ちる受水池とでもいうような小池が設けられ、常に少量の落水があり、池の中には様々な川魚が泳いでいた（図4参照）。

食器を洗うときに出る残りものはここに落とされ、魚などが食べている。その一部は小川となり、観賞用の池に入れられ、鯉のえさにもなっている。この池に入った水は、まわり

水の恵みをもたらす水路空間　023

に植えられた植栽の撒水に使われる。残りの水は小川に流れたあと、竹樋（とい）によって段下の畑地に落水させたあと小駄良川に返される経路をたどっている（図4参照）。

この水の経路を利用して生活を快適に営むため、水の効用をたくみに取り込んでいる。もし、家人が魚や生物に有害な物質を洗い捨てでもしたら、これらの水の多面的利用行為は成立しなくなる。

ここで学んだことは、魚類をはじめとする生物の生態に悪影響を及ぼさない範囲で水利用を行う水環境を、時間をかけてつくり上げているということである。たしかに、大都市と比べ水条件が異なると考える方もあろうが、あえて、伝統的住空間の中で見られる、水の多面的利用の方式の重要さを記すのは、現在の都市環境における水がもたらすメリットを、都市住民の多くが見落としていると思うからである。

八幡町の各地で見られたのは、民家で利用された水を直接河川や水路に排水せず、下流で水を利用する人々のことを考え排水したり、生物類の生棲のことを思いやったりしながら水利用の形態を町の中に取り込んでおり、今でも応用されているということである。

水音が響く街並

八幡町における市街地域の街並配置は、山間地の谷間段丘地に形成されているため、町全体が水舟の造形がもっている段状形態を空間的に拡大した街並構成となっている。

町内の各街区は高低差があり、各家に通水するのに、次のような好条件を備えている。
1. 流水勾配が住宅地内で得やすい。
2. 谷戸川・湧水池などの水源が得やすい要件を備えている。
3. 街内にはりめぐらす水路網の付設が各河川沿いにあるため引水が容易である。

このため、住戸内では水を得るための小水路を設け、水源からパイプで引水し水瓶に入れたり、水舟に水を引き込んで、目的にかなう水利用形態を作り出している。

このため、町のどこにいてもコロコロ、サラサラ、ザーザーという水音の合奏がとだえることなく聞こえてくる。

街路沿いにある各家のぬれ縁に腰かけてあたりの眺めを愉しむとき、水利用の装置から発するまわりの水音と吉田川、小駄良川のせせらぎの音などが和して、街の調べとなって、疲れた身をいやしてくれる。

写真2　用水の水を自家用の小さな溜池に引き込み、川魚を育てているところ

水の特性を活用しようと住民側で努力して水利用の造形をつくり出すと、水の恵みとなって街を潤し、清い環境が生み出されると実感した。

1.3 八幡町の歴史的変遷

郡上郡の誕生から築城頃

　長良川の沿岸部やそれらの支流の谷底平野で、原始時代から人間が住んでいた遺跡が多く発掘されてきた。八幡町の周辺部でも貝妻、森、千虎、東乙原、五町などから遺跡が見いだされている。農耕が始まり、金属類が使用されるようになると、これまでのように台地に住んでいては水田稲作に不便なので、住居は水利の良い平地へと出て行った。

　大化の改新後になると、郡上地方が属する美濃国は郡に分けられ、初めて郡上郡が誕生し、農民結合の単位の基礎が敷かれた。地頭の鷲見氏が領在した頃に創立されたものといわれる小町の八幡神社が、町の中心を見わたせる城山の頂上に祀られた。

　この八幡神社は民衆信仰も加わって、近郷の唯一の神社として広まり、その後は、附近一帯を八幡と総するようになったといわれる。郡上郡の時代変化の源流をたどってゆくと、次の二つに分けて解釈される。その一つは、奈良時代以来、近江より美濃に入り、長良川をさかのぼって郡上に至る文化の経路。もう一つは越前、加賀両国の境界にある白山を中心とした仏教的文化の影響によって、飛騨、濃北にまで広まった経路である。

　これら二つの文化系の流れは生活風習にも消化され、様々な伝説となって郡上の民衆に語り継がれ、親しまれ、郡上文化の源流を訪ねるうえですこぶる興味深い。これらの文化の形をとるもののなかには、方言となって万葉集をはじめとする諸文献に残され、受け継がれてきたものもある。

　時代が戦乱の世となると八幡もその抗争の渦に巻き込まれていった。八幡城の創建は、この時代に勢力を増大した遠藤

写真1　「郡上八幡城」を石段下から望む

盛数が山城の形式をとって八幡山に築城したときから始まる。当時は郡上城と称され、近代になってから八幡城と呼ばれるようになる。

　治安が回復するに伴って、中世社会の「武」を中心とした体制は「文」の社会に移ってゆく。地方文化を形成する役を務めたのは、地方の大名を頼って疎開してきた、京都や奈良の公家や僧侶らで、中央の文化を地方へもたらすことになった。

　この頃になると、茶道や、能楽、浄瑠璃がはやり、郡上盆踊りもこの頃から始まる。

　生産業については別に触れるが、吉田川沿いの八幡は、この川を中心とする漁業によって多大な恩恵を受けてきた。漁簗や鵜飼による漁法、夜網などによるアユの漁獲によって山国である八幡に貴重なたんぱく源を補給してきた。

承応元年の大火と町なかの水路

　八幡町は郡上郡の城下町として発達した山間の町であり、この当時から町屋が密集していた。藩主が遠藤常友となってから6年目の承応元年（1652）に、城下の横町から出火して全町を焼き尽くした。

　そのため4年の歳月をかけて城と町を改修し、火災による被災を防止するため街路沿いに常時流通する水路網を設けた。もともと水源には恵まれた条件を備えていたことから、水路の利用はあったが、町の改修と併せて整備された様子が寛文年間（1661～1673）の城下町絵図からうかがえる（第2章2-1節を参照）。また、常友は城下町の拡大に必要な水源を確保するため、水路創設事業にもすぐれた指導を行ったり、他方では詩歌に秀でていたことから、故人の遺跡、遺言、遺稿などの整理にも心をかたむけ、古今伝授で知られていた宗祇（そうぎ）の遺跡である「宗祇水」の遺詠になぞらえて「白雲水」と改め、泉の周辺の環境を修復するなど、文化面における業績も大きかった。

　盆に踊りが盛んであったことは、幕末の郡上藩の「改革令」の中に、「盆中は踊り場へ御家中末々まで、妻子ならびに召使いなど出かけていってはならない。違反のないよう相心得ておくこと」という意の禁止令が出ていることからもうかがえる。武士やその家族が役人の目をかすめてひそかに踊りの仲間に加わって踊っている姿からは、幕末に町人の経済力の台頭によって士と農工商との階級制度に変化が生じた様子を

図1　小駄良川に近接している「宗祇水」の様子（中央の屋根下から湧水が出ているのが描かれている）。（「郡上八幡の本」、郡上八幡まちづくり誌、編集委員会編、はる書房、p.229）

写真2 「宗祇水」のたたずまい。屋根がかけられているところから湧水が出ている。昔から「水神」が祀られており、近隣の人々の共同洗い場として利用されている（1973年頃）

見ることができる。
　明治になると郡の各種の仕事をまとめる役所が置かれ、政治、経済の中心地としての性格を強めている。

大正から昭和48年（1973）頃まで

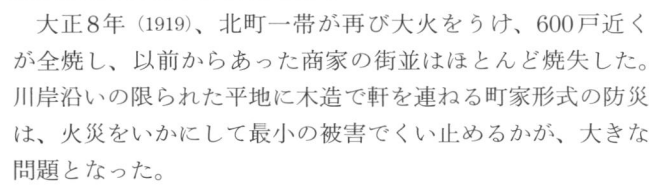

　大正8年（1919）、北町一帯が再び大火をうけ、600戸近くが全焼し、以前からあった商家の街並はほとんど焼失した。川岸沿いの限られた平地に木造で軒を連ねる町家形式の防災は、火災をいかにして最小の被害でくい止めるかが、大きな問題となった。
　防火対策の工夫は、家屋を土蔵にしたり、隣家との間に土壁の仕切り（「うだつ」）を二階につくることなども考え出されたが、代表的なものとして、常に身近に防火用の水を町内い

写真3　昭和30年（1955）頃までは開水路であった「島谷用水」。現在では、コンクリート製の平板がかけられている状況（1973年頃）

八幡町の歴史的変遷　027

写真4　吉田川左岸にある「島谷用水取水口」の造形。ここで取水された水が、新町、今町などの商店街を流下してゆく（1973年頃）

たるところに確保するための用水路を流通させる改良工事を行っている。

　この頃から鉄道が開通し活気づく時代もあったが、太平洋戦争によって、町も苦難の時代が続いた。しかし、山間の町であったことから幸いにも自然環境に恵まれていたので生活の立ち直りは早く、人口も定着し、昭和29年（1954）に五ヶ町村合併などによって町全体の人口は23,000人の新しい町として発足した。

　その後は、高度成長政策をめざした経済発展の影響を受けたり、東京オリンピックを迎えて交通形態はモータリゼーションに変わり、町内の街路もその機能に適応する構造とすることが求められた。

　これまで多面的に利用されてきた大・小の水路や小河川は、街路わきに寄せられ、コンクリートや石板の蓋（フタ）をされるところが続出した。

　しかし一方では、町の中の防水用として利用されてきた歴史的水路や、農業用として利用されてきた「島谷用水」などは、様々な形態の工夫が施されて残されている。

　車道整備が進行する時期（昭和48年）筆者らは、八幡町を訪れ、水のもつ多面利用の水利用環境に興味をいだき調査を開始した。

　この水利用調査活動を行ったことが起縁となって、八幡町の水を活用した「町づくり」に現在まで三十数年にわたって関わってきた。

2章

八幡町域の
地形構成と水空間

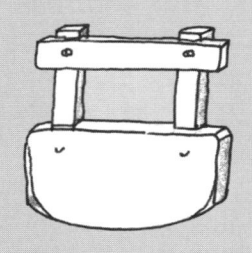

2.1 水空間を核とする水圏域の成立

古代の水利用遺構

郡上郡奥明方村小川に森本宮という小さな祠があり、この付近から縄文時代の遺跡が多く発掘されている。御物石器などが多いことから、おそらく集落の祭祀場であったと推測される。

この森本宮の祠の横には巨大な槙（まき）の木があり、その根元から清水が涌出し、小水路となって流れ出している。その周辺からは、日常生活に使ったと思われる土器が多数出土している。

この地の水は、縄文時代から集落の生活用水として利用されていたのではないかと考えられてきた。

古代から水は生活の中心に位置し、集落形態もその水空間を中心に形成されてきた。郡上郡内の各集落を見ても水利の便の良いところを選んでおり、水と住居との空間構成には、様々な影響を与えている。

なかでも八幡町市街地は、街並の生成、発展に水空間が深く関わっている典型的な例といえる。町は川沿いに形成され、山地によって大規模な発展は制限されてきたが、各家の間取構成においても水系、水利と密着している。

水利用圏域の意識

この町に見られる水系の構成のうち、地表に見られる水空間の存在形態は、井戸や私的洗い場のような水利用場を「点状」と見たてる。水路、河川のように「線状」の水空間も存在する。これら二つの水空間が同一圏域に分布している状態を、「面状」的に存在していると見なしてきた。この水空間を三態ありとして八幡の水空間を考察することで、水利用の多面的形態は解明しやすくなった。

町内の水利用にまつわる住民間の連帯意識も、この「水」を利用する圏域で、水空間の三態が構成されている。

豊かであった水源から得た水と利用圏を住民が意識し守り合ったことで、限定された住空間の中で多面的水利用形態を生み出してきた。

街の配置と水利用の変遷

長良川を美濃から越美南線の八幡駅で下車し、郡上大橋を渡る手前で、右手の山頂に建つ八幡城が目の前に現れる。吉田川の水面に映る山頂の古城風景は、八幡町を構成するにふさわしいたたずまいを感じさせる。

別名・積翠城と呼ばれた城は、永禄2年（1559）遠藤盛数が東殿山を攻めるとき、陣営を八幡山に敷いたのが、この城の創建と伝えられている。ここは南に吉田川、西に小駄良川が流れ、自然地形による要塞の役目を果たし、ふもとには城下町となり得る平地を有し、山の東西はけわしく、北面だけが狭い尾根があり、この尾根は白山山系に通ずる山城の立地要件を備えている。

交通は、和良、明方、下川筋から郡内の全般に通じ、飛騨、越前にも通ずる交通路の要所となっていた。

寛文年間の絵図（図1）を見ると、小駄良川と吉田川が城下町の濠の役目を果たし、武家地（一部に商屋を含む）と城山を囲んでいる。吉田川は城下町を南北に二分し、北面は武家地で、南面は町人町と農地であったことが示されている。

注目しておきたいのは、当時の中心部にはすでに2本の用水路が付設されていることである。小駄良川と平行して流れ

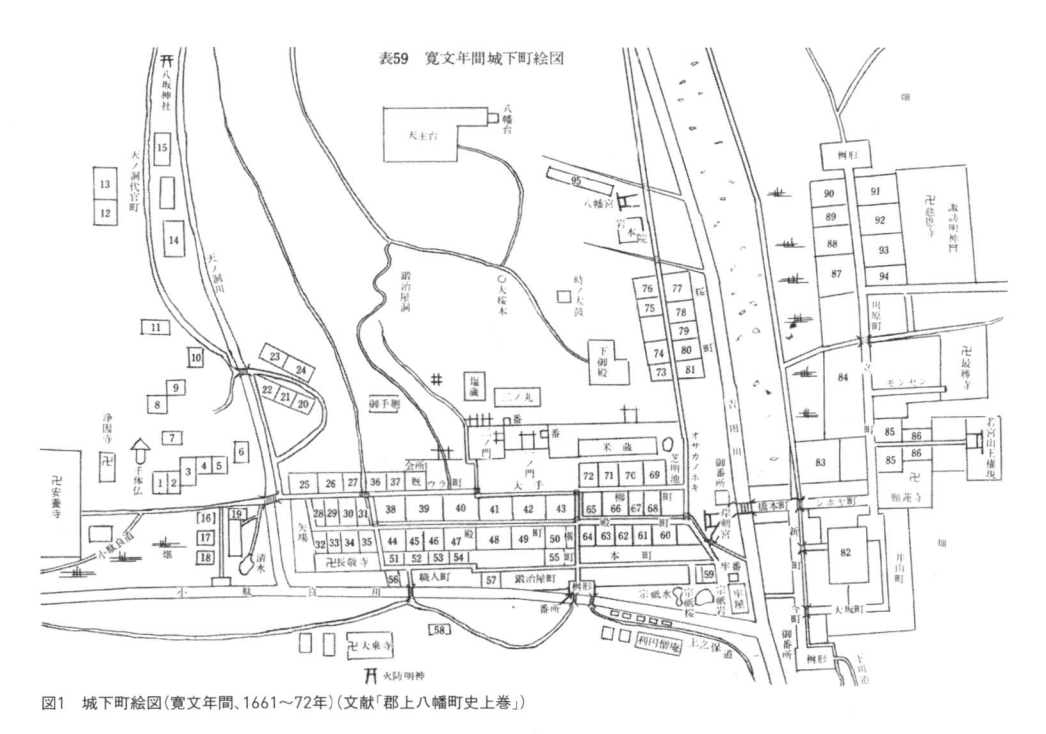

写真1　吉田川と小駄良川が合流したところから見る八幡城のたたずまい（山頂の白い建物）

写真2　八幡城の天守閣

図1　城下町絵図（寛文年間、1661～72年）（文献「郡上八幡町史上巻」）

る用水は、武家屋敷のための生活用水（御用用水）であり、吉田川左岸を流れる用水は、町人の生活用水と農業用水にあてられた。用水は「島谷用水」と呼ばれ現存している（写真3）。

　島谷用水は橋本町から取水され、上流部は水田用地を流れ、中流部は新町、今町を流れ、下流部で水田地を通り長良川へ入っている。この時代、用水は分水されていなかったようであるが、吉田川の支川の乙姫谷川は、島谷用水と合流していたと考えられる。現在は、島谷用水の下を乙姫谷川の水が通っている。（流水の立体交差地点）新町、今町より下流は、用水路にはコンクリートでフタがされているところが多く見られるが、用水の豊富な水は、道路側面の家の前を流れ、現在でも街並空間と密接な関係を保っている。

　新町、今町では、表通りが町の幹線交通路となり、車の交通がはげしく、用水路を洗い場にするところは非常に少なくなった。

　橋本町、常磐町などで、用水路が町家の裏側を通っているところでは、住人が集まり利用できる「共同洗い場（カワド）」がある（写真4）。

　御用用水（現在の柳町用水）は、現在、殿町を流れる北町用水の流路をとっていたようであり、武家地の中央部を流れ、街並の配置とも適合していた。後年になって分水が行われたり、北町用水の増設によって職人町、鍛冶屋町等の町人地へも通水が行われるようになった。

　さらに、大正8年の大火後、用水路の取水口の変更や水路改修による通水量の増強と水路の拡張によって、現在見られるような、街区道路横を格子状に流れる用水路形態となった。

写真3　島谷用水取水口の風景。手前が吉田川

写真4　常磐町を通る島谷用水路の「共同洗い場」

水利用圏域の変遷

　通水路に有効な水路分水方式を採用してきたことで、屋敷町の拡大発展は用水路に沿わせ、しだいに農地の占有をくりかえした。広がった町家に通水が行われると、さらに細かく分水され、町の中に水路が入り込むこととなった。この様相は、「水空間」が骨子となって町が形成されてきたともいえよう。

　八幡町市街地は、長良川、吉田川、小駄良川の3本の河川や小河川に沿っていくつかの区域に分割されている。また、これらの流水空間は、地域を水圏として結びつける役割を果たしてきた。

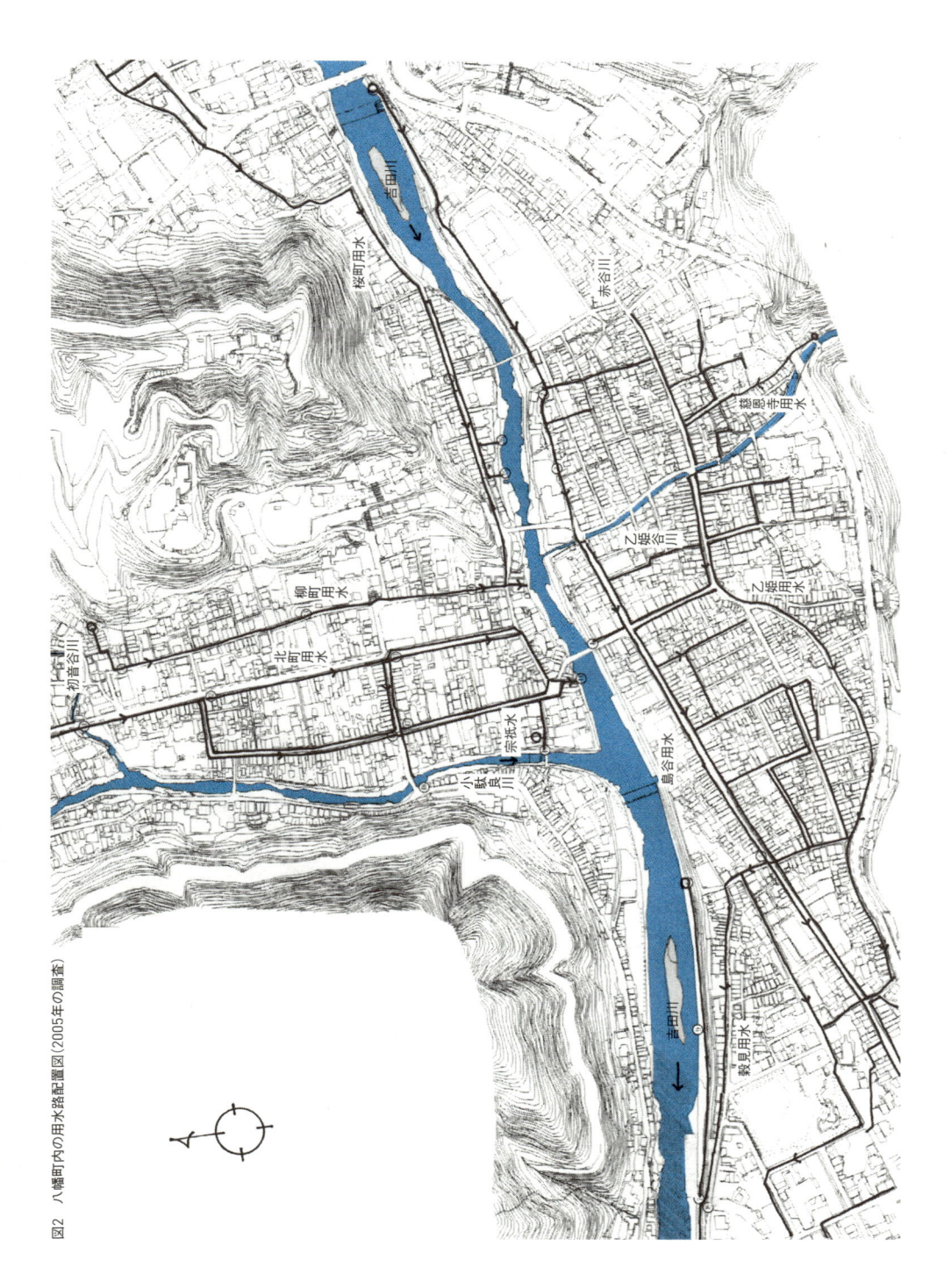

図2 八幡町内の用水路配置図（2005年の調査）

水空間を核とする水圏域の成立

町内に網目状に配置されている用水路は、それ自体は線状であり、これはカワド空間を単位とする小水圏であるが、これらが集合、連続することにより、町全体を覆う大きな水圏を構成している。

2.2 水利用圏域と水利用形態(ケース・スタディ)

街なかにある水利用形態の調査結果

　市街地(略して街と称する)の中には、上水が付設されるまでは、湧水や用水路の水を引き込み自家の中を流して利用してきた家もある。また、大・小河川の一部をせき止めて、洗い場などに利用したり、川魚を育てるなど、多面的に利用する空間が水辺空間に点在している。

　住居が密集している各家々で自由に引水できない街区では、共同で良質の水空間をつくり、その中で水利用をしてきた。共同で水利用を快適に行うため、水管理する人を決め水当番制(川掃除当番ともいう)を設け、細かな水利用の決め事を守ってきた(写真2)。

　民家が密集する街なかで身近に水利用を共同で行っている地区が、どのような水圏を構成しているか、把握しておく必要を感じた。

　この水利用圏域の調査を実施しようと考えていた時期(昭和49年(1974)頃)は、道路の拡幅・整備が始まり、洗濯機などの家電製品の利用が目につくようになり、用水の汚染があちこちで目立つようになっていた。

　このような状況によって、これまで数百年もの間続いた伝統的水利用空間が消え始めていた時期であった。

　八幡に見る伝統的水利用空間が永きにわたって存続し得たのは、各水圏域の中で、限られた水をみんなが気持ち良く利用するため、井戸を共同利用するところでは「井戸組合」、水路を共同利用するところでは「カワド組合」などを設けて、その水利用者が集まり協議して、良い水を確保する「水コミュニティ」を形成していたためであった。

写真1　密集する市街地を上空から見た街並(職人町筋を見る)

写真2　水路の清掃は、当番制となっており、いまでも守られている。この板標が立っている家が1週間、定められている区間の清掃を受け持つ

図1 八幡町・町名案内図

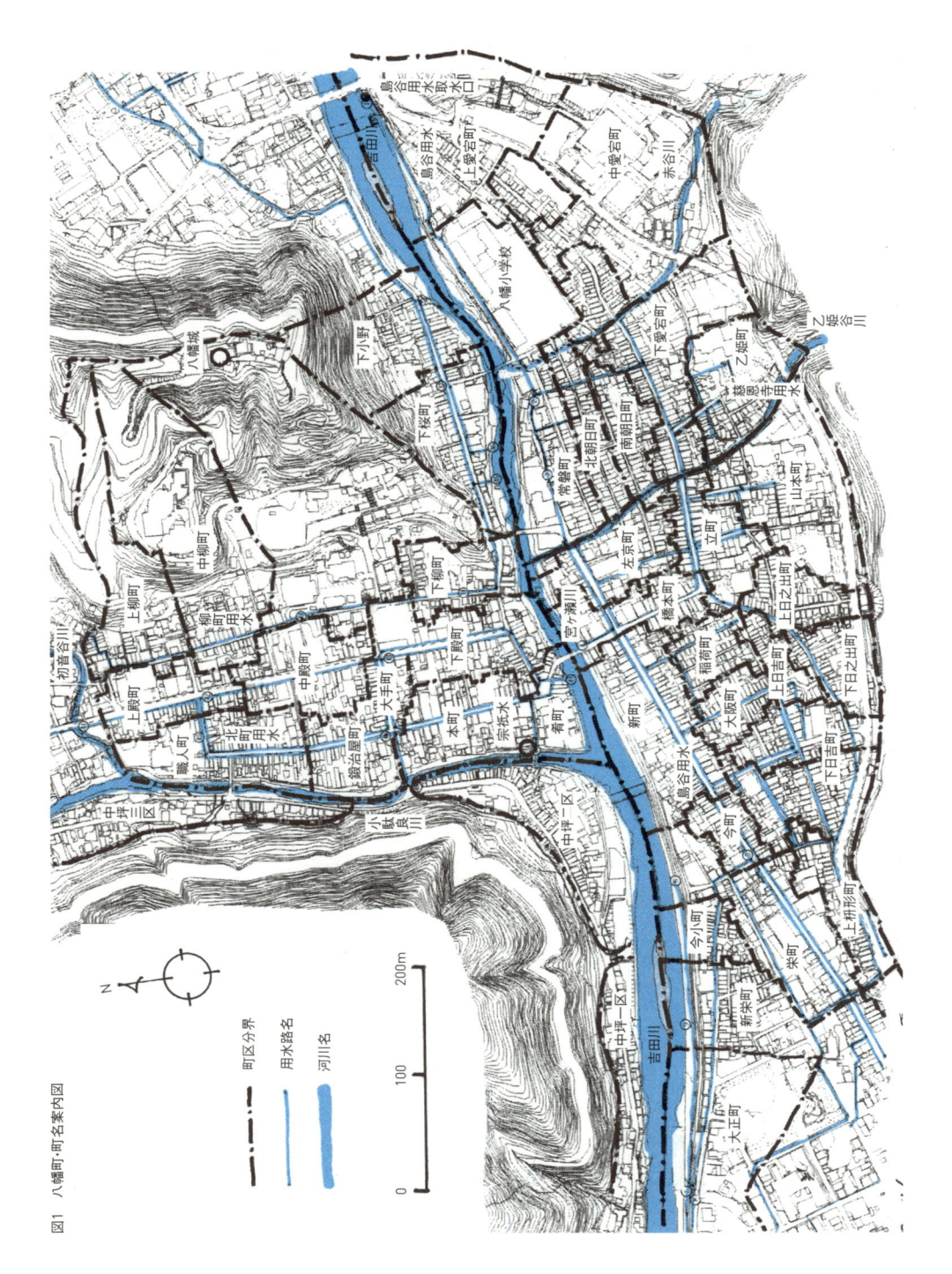

水利用圏域と水利用形態

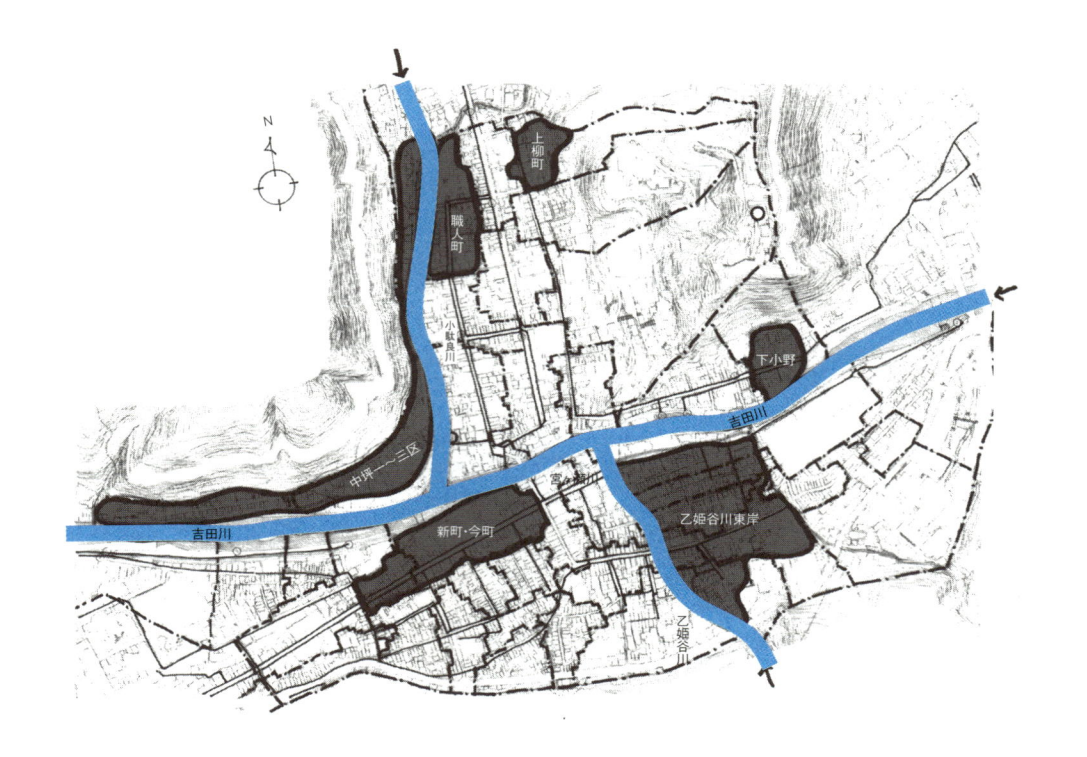

図2 水圏域の調査地区案内図

　この「水コミュニティ」に注目して調査を実施することにより、知り得た事象は、将来の町づくりへの手がかりになるし、国内にある城下町の多くが過去において多面利用した水空間の姿を想起するときに参考となる。水空間調査における水圏区分は、前項で述べたように、大・小河川や大規模な用水路で地区が分けられる。これは、街の空間構成が水の存在形態によって特長づけられていることを明らかにしたかったからである。この着想から八幡町を概観し、六つの水圏地区（図2）をとりあげ調査対象地として、それらの成果を紙面で紹介した。

　この水圏調査の成果全般は、少しでも多くの記録を残したいと考えて「都市住宅」（1977.03 特集号）に記載させていただいた。

上柳町

位置

城山を背にしているこの地区は、八幡町内で最も落ちついた古い街並を残している(写真3)。

道の両側には創設300年の歴史をもつ柳町用水(旧御用水)が流れている。もとは殿町、武家町であったが、大正8年(1919)の大火災により町全体が焼失し、その後、土地の細分割がなされ、現在見られるような街並が形成された。用水路は、往時のまま街の中を流れている。

水縁圏域

当地区を流れる用水路は、地区を構成する空間軸となっている。水路両側の住民の水利用圏域は、数件で1カ所の水場を共同で利用しているが、大半は井戸、山水の水屋があるので、他地区とは異なった水縁圏域をもっている。

水利用行為

上柳町の戸数は総70戸で4班に分かれている。山側の地区では今でも山から水を集めて利用し、水道普及前は飲用水

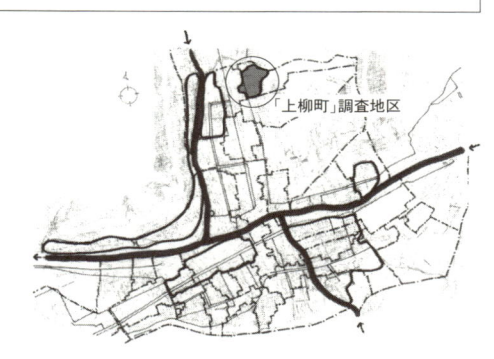

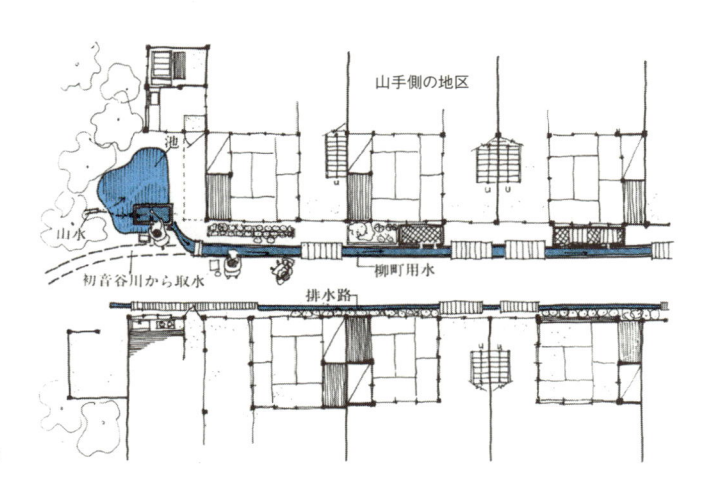

写真3 柳町の街並風景。道路左手に柳町用水が流れている

図3 柳町用水路と住戸空間の略式平面図

水利用圏域と水利用形態　037

としても使われていた。

　山の向かい側の家は武家屋敷であったため、各敷地には昔から井戸をもち、それを使っている。現在は、町内すべてが上水道を利用し、生活雑用水として家の前の用水を利用している。現在でも各班から毎日2戸ずつが出て輪番制で用水路の清掃をしたり、洗い場の道具の整理をして、用水路の清浄さを保っている。

　用水路の利用形態は、以前は、食器を洗ったり、米とぎをしたり、洗濯をするなど相当多面的に使われていた。汚れがひどいものは初音谷川まで持って行って洗った。現在では上水道で食品や食器類のほとんどを洗うため、洗濯後のゆすぎだけ用水路を使う家が増えたという。洗濯物の量は以前より増えているため、多い家では1日に5～6回ほどは、用水路を使うという。おむつや汚れものなどは、昔と変わらず初音谷川まで行って洗っている。

水利用の意識

　この地区の人々は、水の利用とその維持が永い年月の間に身についている。水利用意識は、町内の住民の中でも高いといえる。

　たとえば、地区内には下水道が整備されていないため、汚水が用水路に流れ込んだり、地下に滲み込んで井水を汚染しないか、互いに、厳しく制限を行うなどの生活をしている。

　水に関することは、すべて町会で協議されたのち実行されてきた。これは、町会内での婦人会の活動が活発で発言力をもっているためと思われる。婦人たちの仕事は、日常において水との関わりは離すことはできず、常に水と接し、水利用に対しては切実な問題として意識してきた。

　最近になって新たな水に関する悩みが生じている。それは観光で町を訪れる人が多くなり、とくに夏期には、用水路のそばに、タバコの吸殻や、空き缶、瓶、紙くずなどが捨てられたり、用水路が流れる道路に車で入り、排気ガスや騒音を出すなど、歴史的用水路が汚されるようになったことで、対応に苦心している。このようなことが毎年、他地区でも生じており、八幡町全域に共通した問題となっている。

　例年「郡上おどり」で数十万（年間を通して）の観光客で賑わう行事に付随して発生する河川・水路の環境悪化は、水を労り、その恵みを受けてきた町民にとって困難な状況をもたらしている。

写真4　用水路の掃除を担当する家の前に置かれた「川掃除当番」板標

写真5　柳町用水路のカワドで洗濯のゆすぎをする人たち

職人町

位置

　職人町は、小駄良川左岸に沿った長敬寺から蓮生寺まで長さ120mほどの地域である。大正8年の北町大火時に職人町も全焼し、現在見られる街並は、大火後に再建されたものである。各戸の地割は細長く、ほとんどが二階建で中庭をもつという典型的な八幡町の町家が並んでいる。

水利用形態

　道路の両側には、きれいに手入れされた北町用水路（幅員0.6〜0.8m）がある。その一方は、日常の生活用水として、他方は、防火用水として利用されてきた。

　北町用水路は、大火のあとに増設されたものである。両水路とも水はきれいで、どこの家でも用水路の横にひざをついて洗濯ものなどのゆすぎをしている姿が見られる。

　飲用水は、以前はすべて井戸水を用いていたが、現在ではほとんど水道水を利用している。しかし一部では、井水をお

写真6　用水路に面した家々の軒先に吊り下げられた「防火用バケツ」。防火に対する関心の深さが感じられる

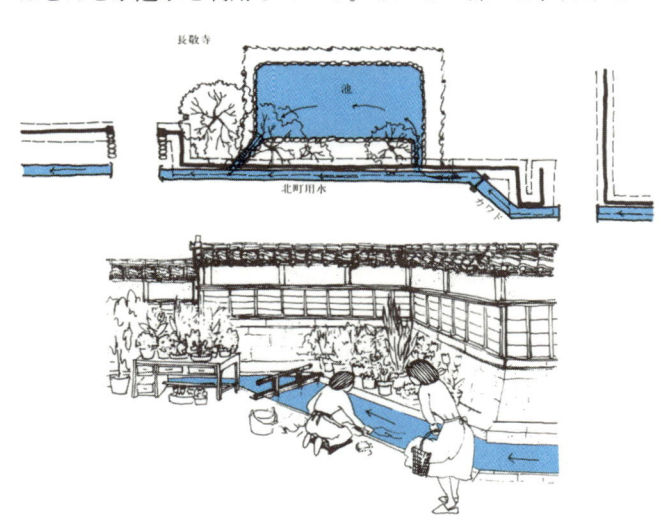

図4　長敬寺門前右手にある「共同カワド」の様子。十数年後、ポケットパークとして親しまれるようになる

茶用や、野菜・果物などの冷水用として利用している。

街並の構成

　本町から鍛冶屋街を経て、職人町に入る直線状の道を歩んでゆくと、前方に長敬寺の大屋根が見えてくる。職人町域には、寺が目だつ。これらの寺の配置は、江戸時代に城下町としての防御上のことを考えたものだという。

　道の両側の北町用水路は家々の軒下を流れている。実測によると、住戸の敷地は、小駄良川沿いでは、平均的な間口は3間(5.4m)前後、奥行は12〜13間(23.4m)程度くらいある。中庭が広く、そこに井戸をもっている家がかなりある。

　住戸の後半分は隠居部屋などが建てられている。道路の向い側の家は、隣の殿町とは塀一枚を隔するのみで、敷地はひとまわり小さく、間口は2間半(4.5m)程度、奥行は9〜10間(17.5m)前後である。中庭は、小駄良川沿いの町家より狭く、その一角に井戸がある。付属部屋は、隣との境に立つ塀壁を利用した物置や風呂場が置かれている。

井戸

　全職人町の戸数は41戸、そのうち個人井戸をもつ家は5戸で、他はこの地区にある6ヵ所の井戸を共同利用してきた。このうちの4ヵ所は住戸内の中庭にあるため、数戸が中庭を連続させて私道を設けて井戸を利用してきた。他の2ヵ所は寺の井戸である。長敬寺の井戸は最も古く、道路の曲り角に位置していたので、利用しやすいためか利用者が多く、14戸が共同使用していた。蓮生寺地区では7戸が利用していたが、近年になり電動ポンプを使い直接に台所近くに水を引いているところもある。

　長敬寺内の井戸は、駐車場の増設のため井戸にフタをして利用されないようになった。それ以前は、年の暮れになると各井戸組合員は餅を井戸の水神様に供えたり、正月には、井戸組合員総出して井戸浚いを行っていた。用水路は現在でも

写真7　家の前を流れる用水カワドを利用する主婦

写真8　職人町の街並。奥に見えるのが長敬寺正門

図5　職人町通りに面した両家の平面図とその断面図

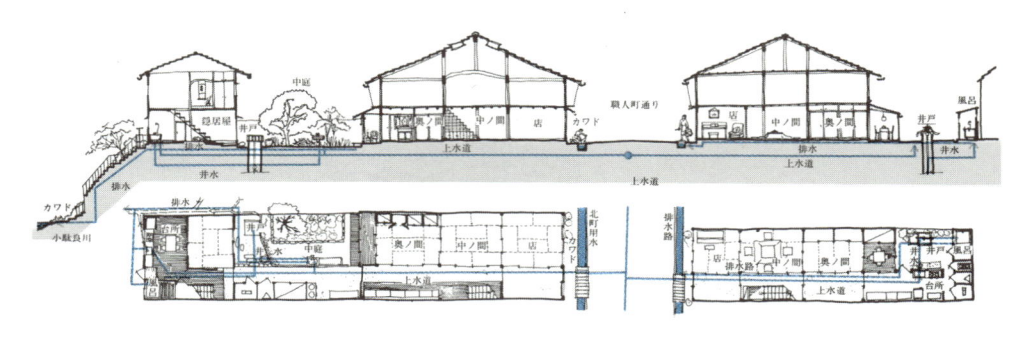

利用されているが、それでも上水道敷設前と比べると、ずっと減少したという。今では用水路は、洗濯後のすすぎに利用されるくらいという。それでも水を大切に利用する心は失っていない。

川掃除当番

　ここに示している「川」とは、用水路のことを意味している。「川掃除当番」の木札は毎日、町会内を廻っている。全町会内が4班（各班9～11戸）に分けられ、各班内から2戸ずつ毎日輪番で用水路の掃除を行っている。おむつや汚れ物の洗い流しは、町会内全体で、小駄良川大乗寺橋のたもとに設置した共同洗い場を利用するようになっている。

乙姫谷川東岸

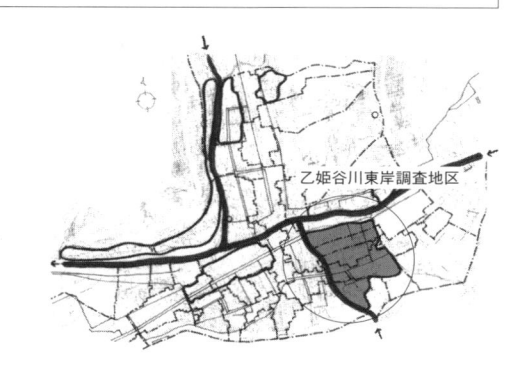

乙姫谷川東岸調査地区

位置

　吉田川の南側、赤谷山のふもとで距離にして南北約300m、東西約240mの地区（この中に常磐町、南・北朝日町、川原町、下愛宕町、乙姫町が入っている）は、商家の多い地域の中で、地形および生活空間が他地区にない完結型の水圏域をもっている。

　江戸時代には、常磐町、朝日町界隈に足軽長屋が並び、今でもその街並に伝統的な形態をとどめている。

水縁圏域

　この地区では川水、用水、井水の3種の水利用形態が整っているのを見ることができる。

　町会内の人は、それぞれ利用目的によって使い分けている。

　3種の水利用圏域は、相互に重複している。

　各町会内の道路沿いに井戸があり、この井戸を核にして両側の道路に沿って利用組合員が線状に並んでいる。乙姫谷川のカワド利用圏域は、川に架かる橋にアクセスしやすい道路

水利用圏域と水利用形態　041

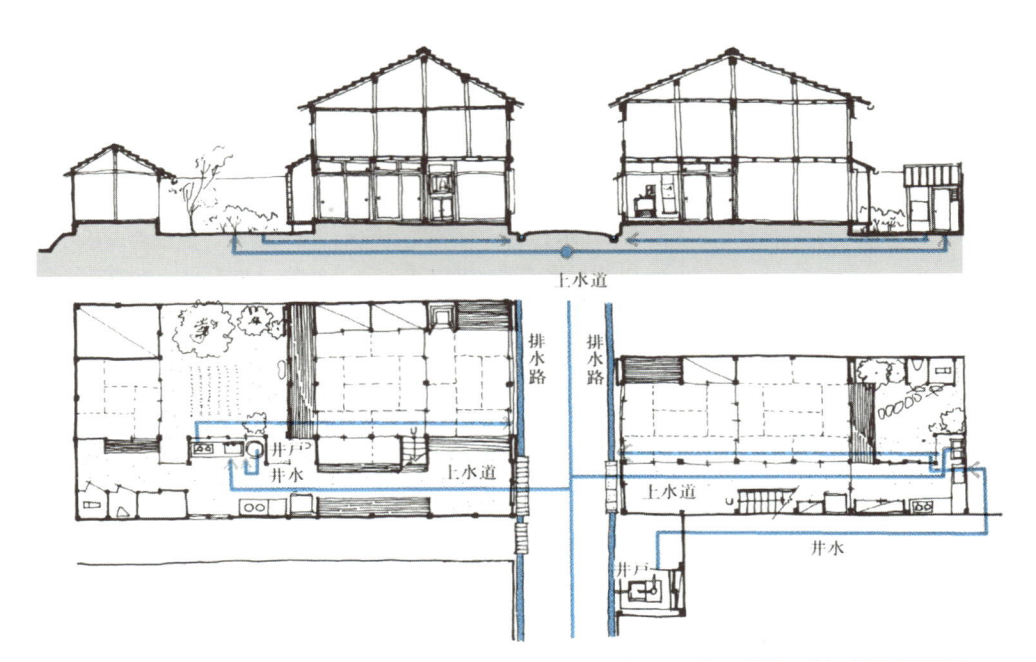

を軸にして連なっている。用水路の利用圏域は、水路に沿って利用者がいるため町会内を越えており、他の利用圏と重複している。

このような水利用者の水場が点、線、面状となり、ひとつの大きな水圏を形成している空間を「水縁社会」と見ることができる。八幡町はこの水縁社会の集合によって形成され、人々もこの濃厚な水縁によって結ばれた連帯意識をもっている。

井戸

井戸は「共有」と「私有」に分けられるが、愛宕町の一部を

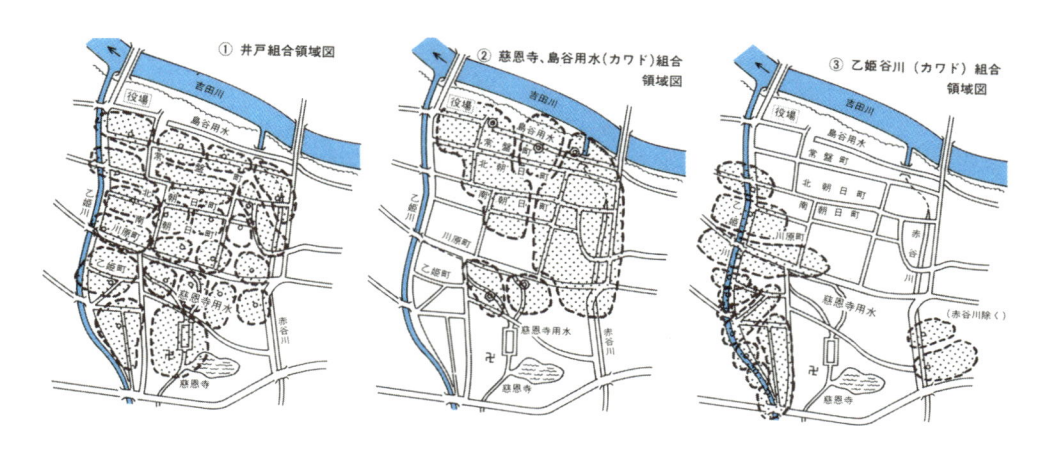

図6 朝日町の民家の平面図と断面図。この通りには用水が流れていないため洗い物は島谷用水の共同洗い場へゆく。飲用水は上水が入るまでは共同井戸か、自家の井戸を利用していた

図7 「乙姫谷川東岸」地区の水利用圏域図。1住居が、井戸組合、島谷用水カワド組合、乙姫谷川カワド組合の3組合に属している領域を図示したもの。調査は昭和51年(1976)に実施したものである。現在ではこのように判別できない区域が増えている

除くと、地区内のほとんどが共有井戸である。共有井戸は全部で21ヵ所あり、井戸組合も同数ある。各組合員は10〜16戸の利用者によって構成され、井戸掃除当番から共同設備の手入れ、勤労奉仕、組合員の冠婚葬祭まで共同で執り行う組織となっている。

毎年、正月の井戸浚いの後に行われる会合は重要な年中行事であり、その年の行事計画や予算の相談等が行われる。

これは組合員の交歓会でもあるのだが、井戸浚いをきっかけに行われるのが興味深い。

井戸の位置は大正時代末頃まで道の中央か、つきあたりに設けられており、井戸のまわりには、日常的に利用者が集まり、井戸端会議が可能な小広場となっていた。

現在は、全部の井戸が道路の片側に寄せられており、井戸利用も少なくなり近所づきあいの機会も少なくなったという。

乙姫谷川のカワド

乙姫谷川に沿って約11ヵ所のカワドがある。利用者は、川辺の道路沿いの居住者、約120戸である。その中には個人用のカワドもあり、平均的には30戸くらいが一つのカワドを利用（写真9）している。

上流部の洗い場では、米とぎ、食器洗いに使用しているが、下流では洗い物のすすぎなどが行われる。最下流では、左京町の人々がカワドを設け利用している。

カワドの多くは、水際がゆるい勾配をもつ平地であることから洗い物の干場にしたり、漬物用の樽置場、子供たちの遊び場となったり、夕涼みの場となって親しまれている（写真10）。

島谷用水

島谷用水には、共同洗い場が4ヵ所ある。そのうちの一つ

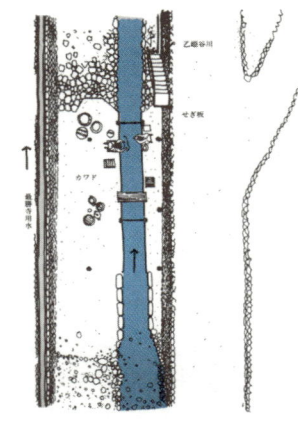

図8　乙姫谷川上流の共同カワドの平面図と断面図

（左）写真9　乙姫谷川上流の共同カワド。利用者は多い
（右）写真10　夏の夕暮れ時、川床で夕涼みを楽しむ家族

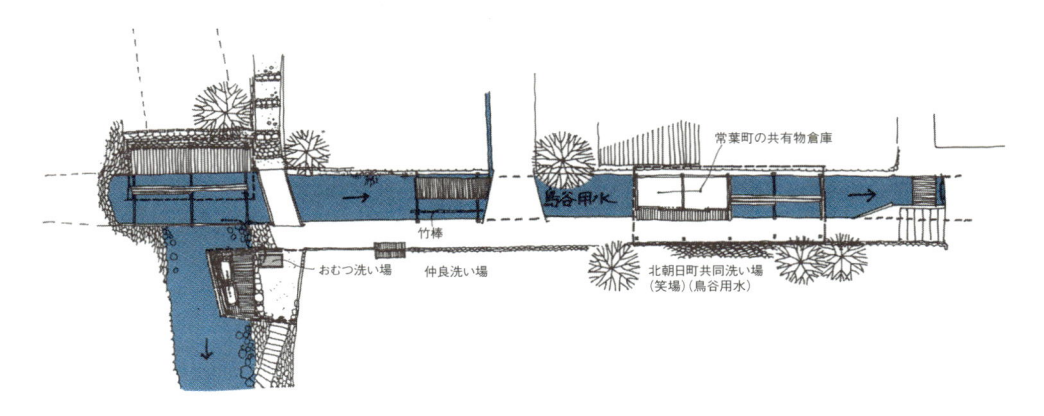

［図：島谷用水路と共同洗い場の配置図。常葉町の共有物倉庫、島谷用水、竹棒、おむつ洗い場、仲良洗い場、北朝日町共同洗い場（笑場）（鳥谷用水）などの記載あり］

は、おむつ洗い専用の洗い場がついている。この洗い場は、使った水は用水路に入れず、その横を流れている赤谷川に落水して吉田川に入れている（図9）。

2年前（調査時期から）に、用水路の水もれがあるということから用水路の大改修が行われた。これまで敷きつめられていた石敷の川底と石積護岸は取り払われて、コンクリートの構造になった。

新しくなった用水形態は、水利用や水辺を散策する人々にはなじまず、一時的ではあったが水利用者が減ったことがあったという。

共同洗い場には、利用者によって名前がつけられている。「笑場」は53戸、「仲良洗い場」は26戸、「朝日町・常磐町共有洗い場」では残りの住戸が使用し、他の利用者は無名の洗い場を使っている。おむつ洗い場は、約100m離れている下

写真11 この地区の人々は、洗い物のゆすぎに島谷用水の共同カワド（4カ所）を利用する

写真12 島谷用水路の「共同カワド」。水面上部の板床に乗って洗う

愛宕町まで利用者の範囲が広がっている。このように地区割を越えて用水組合、井戸組合、カワド組合が相互に助け合っている。

慈恩寺用水のカワド

　この用水は、一般の用水と違って、もとは寺の庭にある池用水として乙姫谷川上流から水を引いたものであった。その余水を下流の住戸が使っている。現在は防火用水として境内の貯水槽に入り、その余水が分水されたものを数戸が利用している。今でも月100円の組合費を出し合って洗い場の整備費用としている。

　この地区は、島谷用水圏域、乙姫谷川圏域、慈恩寺用水圏域の三つの水圏域を保有している。それぞれの水空間ごとに三種の水組合を形成しており、水利用者は利便性や人間関係からこの水圏域に属している。人と人との結びつきは、この地形的特性と水を媒介とした水圏によって緊密さを保っている。ここでは水の形態が明確で、点状の水利用、線状の水利用、これらを合わせた人々のネットワークを構成している面的領域があるのを読みとれる。今後のことになるが、この三つの水圏形態のうち、どれかが消えてゆくと、地区全体の水縁圏域にまで影響が及ぶと予想する。

中坪一、二、三区

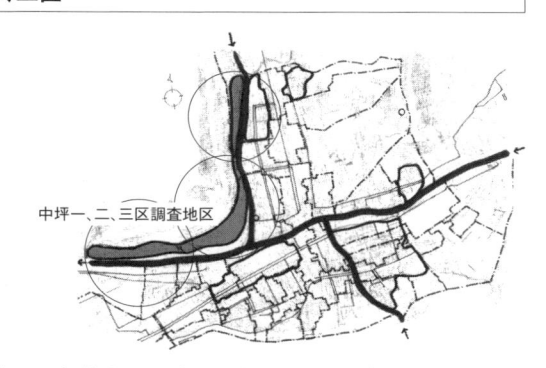

中坪一、二、三区調査地区

位置

　この地区は、小駄良川と吉田川沿いで、尾壺城山のたもとを通る道の間に形成した集落となっている。元来は洞泉寺より小駄良川上流部一帯を中坪と称し、これより下は尾崎と称していた。この両方の地区とも寺を中心に発展し、昔から越前、飛騨方面に通ずる八幡街道の主要な出入口で、江戸時代には洞泉橋の両側に番所と枡形が設けられていた。その後は、白鳥と八幡を結ぶ定期バスルートとなって現在に至って

写真13 山水を引水して利用する「水屋」（中央部）。近年（1995年頃）になって山水の出が少なくなった（中坪三区）

いる。

水縁圏域

　この地区は地形上、用水路が引きにくいためであろうか、用水路は存在しない。また、地盤が岩であることもあって井戸は掘りにくいところであるため、生活用水の確保には苦心してきた。幸いにも山水が湧出するため、これらの水を貯水する「水屋」を設けて利用してきた。

　水屋は住戸の中に組み込まれていたり、共同の山水利用の

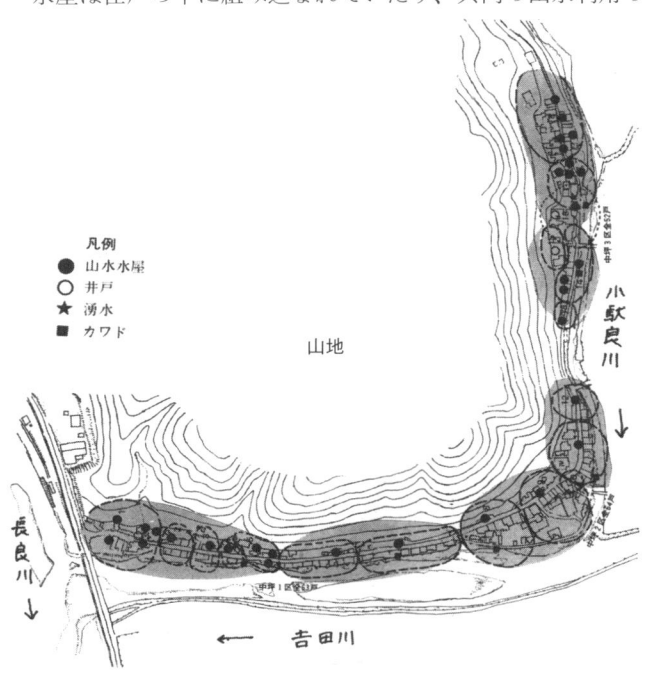

凡例
● 山水水屋
○ 井戸
★ 湧水
■ カワド

図10　中坪地区の中に水利用形態がある位置

図11　小駄良川の斜面につくられている共同水屋の略図（中坪三区）

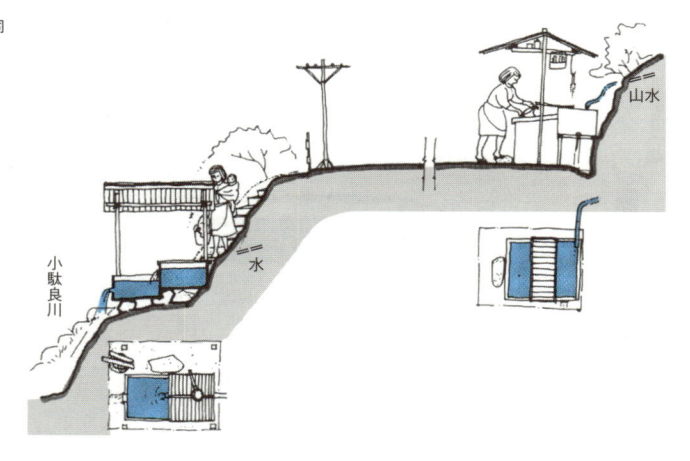

図12　小駄良川に近接して建つ民家の平面図、断面図（中坪二区）

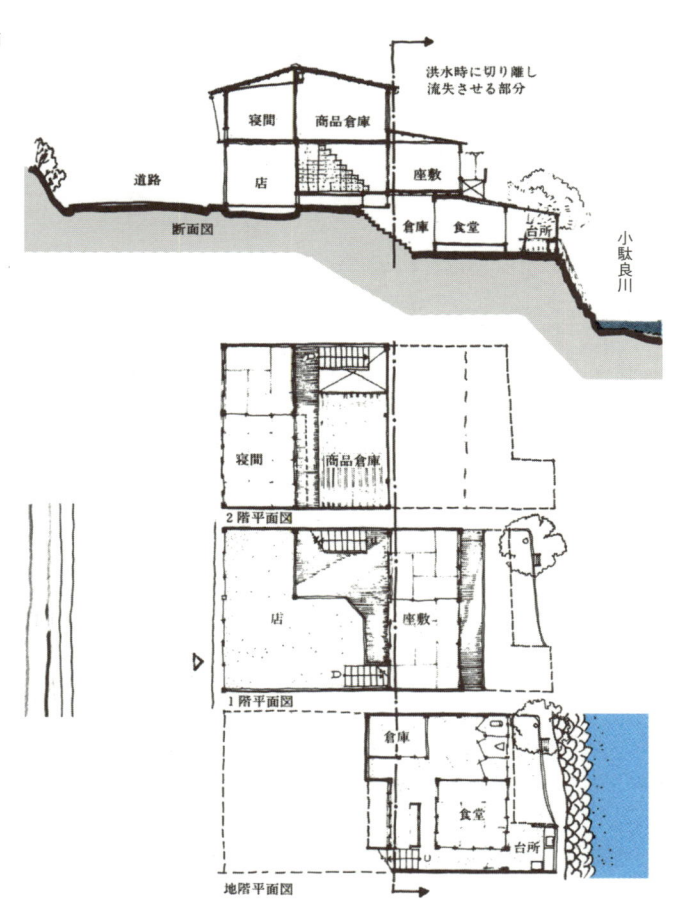

水利用圏域と水利用形態

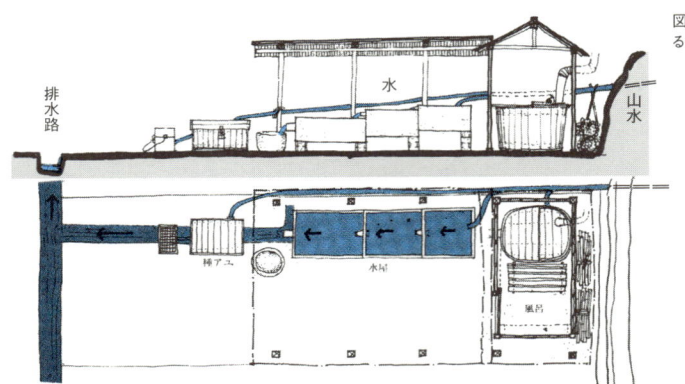

図14 水屋と風呂小屋が並べて建てられている平面図、断面図（中坪三区）

水屋もある。自然地形の制限により水利用者の圏域は、地区の発展と同様に細長い形状となっている。

水と住戸の空間構成

　当地区の住戸は、道路の片側に二階建て、あるいは三階建てとなっており、これらが川（小駄良川）沿いに密集して建ち並んでいる。それぞれの土地形状をうまく活用するため、川べりの斜面を利用して住戸を建てているところが多い（図12）。

　大乗寺あたりでは、川辺には住戸はなく、山の斜面側に建っている。これらの住戸の中には、岩から浸み出る山水をパイプで引水し、台所に直接引いているところもある。

　洞泉寺橋下あたりからは、小駄良川べりの斜面を利用して、道路側から見ると二階建て、川側から見ると三階建てという住戸が多い。これらの家は、家の中から川岸に降りられるようになっているところもある。川水の利用のことも考え、台所は道路より低いところに位置していることもある。川水面に近い住居部分は、川の増水によって浸水することもあるので、住戸本体の構造とは別の構造になっていたり、浸水時には切り離しができる家もある。

水利用の形態

　この地区に上水道が普及（昭和38年）する前までは、2軒の寺にだけ井戸が掘ってあった。当時は住戸数も少なかったため、これらの井戸を共同で利用していた。その後、住戸の増加をみるようになると、新たに山水を引いてきて共同の水屋（水舟の形をとっているところもある）をつくり、水屋全体の維持・管理をしているところもある。

　上水道が入ってからも、山水を利用して飲用水以外の生活用水として現在でも利用しているところが多くみられる。

写真14　小駄良川に近接して建っている街並（中坪二区）

写真15　山水を引水している水屋の造形（1975年頃）（中坪一区）

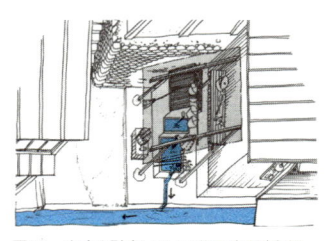

図13　山水を引水している共同水屋（中坪一区）

写真16 山水を引水しコンクリートの「水舟」に貯水して生活用として利用しているところ（2003年頃）（中坪一区）

　上水道が入る前までは、山水を便利に利用するため井戸組合が形成されていた。各組合は、単位ごとに様々な活動を行ってきた。なかには、共同の風呂場を洗い場の横に増築したところもあるし、冠婚葬祭もこの組合を中心として行ってきたところもある。

　水屋を媒介として大家族のような人の交流が行われていたわけで、共生するための互助関係を保ってきた。上水道が各家に入ってくると他人の助けなしに生活できるようになり、緊密であった人関係も薄れてゆき、水屋利用もだいぶん減少している。しかし、夏には、スイカ、ビール、ジュースを冷やしたり、種アユの水箱用の水に使ったりしている。雑用水として自然水が貯められている水屋を使う習慣は続いている。

　今でも水屋組合の単位を中心として、家族のようなつきあいが続いており、新しくできた単位に婦人会、老人会、青年団、子供会などが加わって、組合の再編が行われている。

新町・今町（商店街）

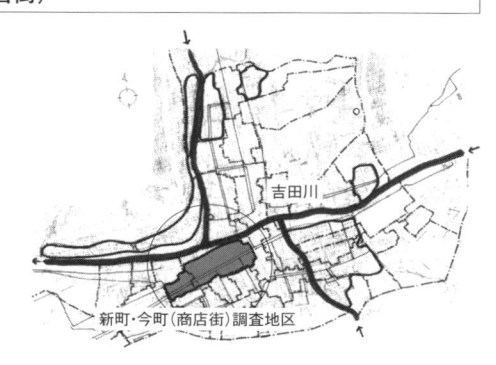

新町・今町（商店街）調査地区

位置

　八幡町の人口の約1/4は商業に従事しており、市街地の半数は商業を営んでいる。これは、八幡町が奥美濃の山村の中で中心的な位置を占める町となっており、周辺の農村からの買い物客が多いためである。この町の中でも新町、今町は、中心的な商店街である。

水縁圏域

　昭和初期までの島谷用水路は、道の中央を流れていた。井戸は各住居が中庭に付設していて、街並の北面に平行して流れる吉田川べりには、川座敷という部屋がある。

　道路の両側を流れる用水路には、各家の洗い場が連なり水圏は線状となっている。

写真17　新町、今町の商店が建っている街並。道路の右側に島谷用水路が通っているが水面は見られない

水利用圏域と水利用形態　049

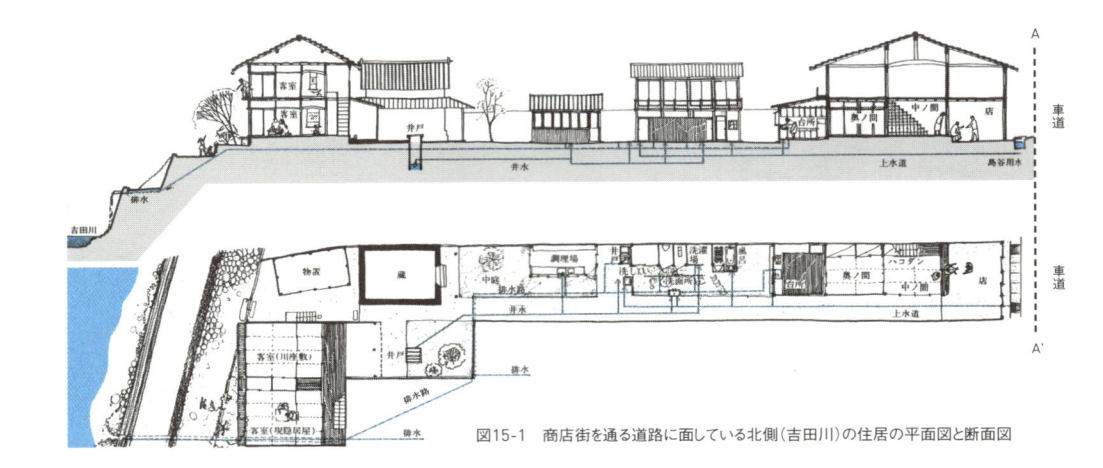

図15-1　商店街を通る道路に面している北側(吉田川)の住居の平面図と断面図

水路に接する正面間口は3～4間（約7.20m）で、奥行はその10倍ほどある。その中間には、中庭や奥庭を2,3ヵ所もっている家もある。吉田川沿いの家々では、奥に大きな座敷を設けている。ここは客間あるいは隠居部屋で、立派なつくりが多く見られる。屋敷の中間には、台所・中庭がある。

一方、中央の道路の向かい側の町家は後方に裏通りをもっており、静かな住宅街に面している。敷地の奥には、座敷や中庭がある。

用水路

ここでも井水を飲用水とし、用水を雑用水として利用する生活習慣が続いてきた。上水道の付設により、井水は雑用水にも使われるようになった。そのため台所の流し台には、井水（ポンプアップしている）と上水道の両方の蛇口が並んでおり、利用目的によって使い分けされている。この街区は個人井戸があるため、井戸組合は存在しない。

この街区の南側には、各住戸の中庭を貫通している用水路（島谷用水の分水）がある。これは庭池用や散水用として使われているが、以前は養鯉業にも使われていた。中庭の台所近く

写真18　上水と井水を分けて利用している台所

写真19　台所の横を流れる用水路（島谷用水の分水路）で水洗いをしている（稲荷町）

図16　住居の内側から島谷用水路で洗い物をしている様子

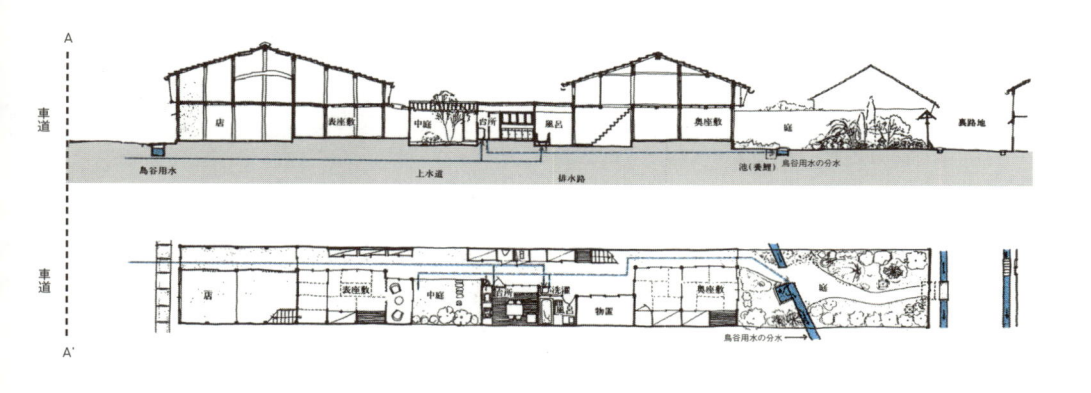

図15-2　商店街を通る道路に面している南側の住居の平面図と断面図（平面図に示す庭の中を島谷用水の分水が通っている）

を流通していることから、台所、風呂、洗面所などから出る排水が流れ込むようになっており、水汚染が進んでいる。

　雨水の排水は、家の前半分は表道路の用水路へ、後半分はこの分水に入れられている。道路側の用水路は、昭和40年（1965）開催の岐阜国体時に大半がフタをかけられた。それまでは、図16に示すような家の内側から利用できる洗い場が付設しているところもあったが、この水路改修によってなくなった。さらに車交通の増加や、人通りが多くなり、それに郡上盆踊りの会場となることも配慮して、歴史的用水路がただよわせてきた水辺風景は消えようとしている。

下小野

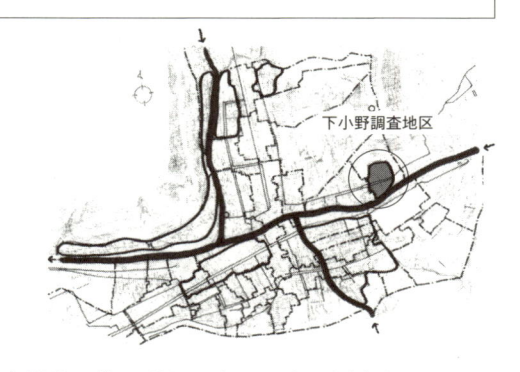

位置・水利用形態

　下小野は旧市街地の北はずれにあり、古い歴史をとどめる地区となっている。吉田川左岸下に1本の杉の大木が立ち、その根元に、湧水が出る水屋と洗い場（川岸）がある。利用者は道路を隔てた地区の25戸である。2本ある路地の中間ほど

水利用圏域と水利用形態　051

に、それぞれ1カ所の井戸をもっている。また、吉田川の岸辺を利用する洗濯用のカワドをもっている。

水縁圏域

調査時、利用されている井戸は1カ所となっていた。利用者は8戸で、上水道の水が少ないとき以外は飲用されていない。

杉の木の洗い場がコンクリート改修されたのは、20年以上も前のことである。現在の利用者は25戸で、利用者は川へ降りる階段を使う。水利用の規則は厳しく、清掃は当番制になっている。湧水井とカワドが近接しているため二つの水圏域が重なり、水組合の絆は強いものがある。

写真20　水神をまつる湧水池とカワドが一体化した歴史的水空間

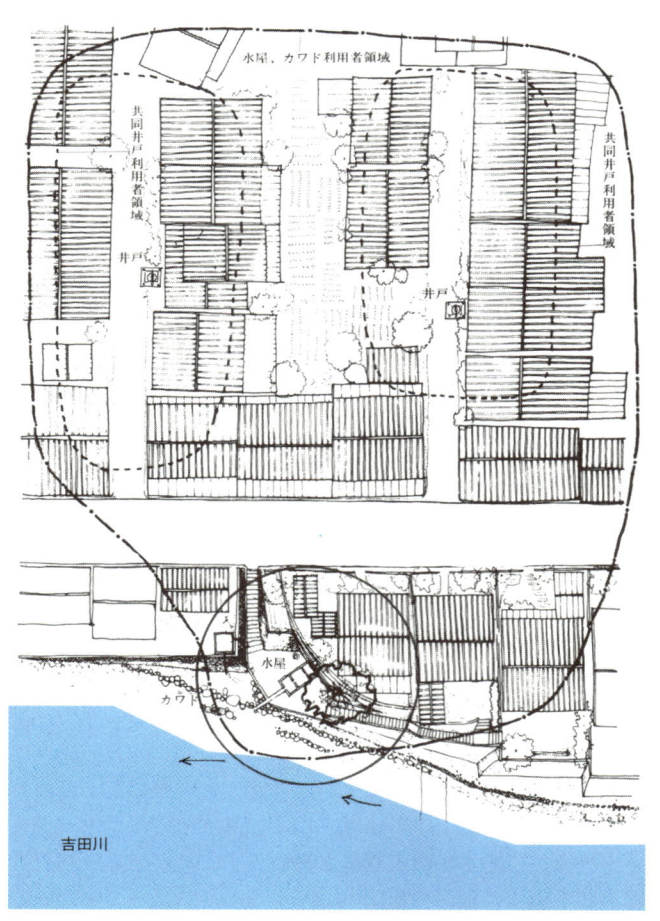

図17　水屋とカワドを利用する圏域を示す図

2.3
水の多面的利用を成立させている要因

写真1-2 中坪地区に建つ住居棟を小駄良川左岸から見たもの

　高密な市街地内の住環境の中で、住民がどのような要件で伝統的水利用行為をしているか把握するため、6地区を取り上げ、地区内の住空間に入り、井水、用水、カワドの形態、通水の方法、水組合の活動などについて調査を実施し、整理したものを要約して2-2節で示した。

　本節では、これらの実施調査で知り得た多面的水利用形態を成立させている基本的要件である、良い水を得て共同で利用する水組合員の活動などに注目してまとめた。

水源ごとの水利用形態

河川空間

　上水道が入る以前でも河川の水が飲用とされることはなかったが、谷戸川の上流部では一部飲用水のほか、食物、食器洗いなどに利用されてきた。大量の水を必要とする洗濯のすすぎに、大・小河川の水辺がよく利用されている。

用水空間

　河川に比べて、一定量の流水が確保でき、水面の幅、水深が浅いので一般的に利用しやすい。昔から飲用とはせず、食物、食器洗いなどに利用してきたが、現在では洗濯のすすぎに用いられることが多い。

写真1-1 「宗祇水」から見た小駄良川の風景（1975年頃）

写真1-3 中坪地区。山地からの湧水を集め貯水槽にためて、生活用水に利用している

写真1-5 北町用水路で洗い物のゆすぎをしているところ

写真1-6 水路の清掃風景。よく手入れされているので、街並全体が清々しく感ずる

　河川から取水され町内各地区を流通するため、上流から下流部の水利用場（カワドなど）に水組合班が付き、水利用のルールが設けられている。用水路でのおむつ洗いはかたく禁じられている。地理的条件が良いところでは、用水路から分水した水を流すところでおむつを洗い河川に流す方法がとられているところもある。

　用水路付設の主目的のひとつは、江戸時代から、町の火災を防ぐための機能をもっていることである。万一出火があると、すぐその場所に用水路の水が集められるように工夫されている。

　用水路に面する家や、共同カワドに「防火用」と書かれたバケツがかけられているのは、これを使い消火にあたるためである。

湧水空間

　山すそから湧き出る水は各地区で見ることができる。現在では飲用にしているところは少なく、食物や食器洗い場として利用している。水量が不安定であるため洗濯のすすぎに利

写真1-4 小駄良川右岸にあるカワドに降りてゆく階段と住居との関係を見たところ

写真1-7 水路のそばの夕涼みを楽しむためのベンチ

写真1-8 北町用水路の清掃にあたる家に「当番標」が立てられている

写真1-9　昭和48年頃の「宗祇水」で野菜などを洗う婦人たち。冬の水はあたたかい（手前が小駄良川）

用しているところは少ないし、その利用を禁じているところもある。ところによっては庭池の水に利用し、魚や鳥（アヒル）などを育てているところもある。

井戸水

上水道が入る以前の飲用水にあてられてきた。近年になり上水道の水が台所に入ってきたことでその役割は少なくなったが、井戸水を電動ポンプで汲み上げられるようになると、上水の蛇口近くに井戸水の蛇口があり、雑用水（食物、食器の洗い、衣類の洗いなど）として利用されている。

上水

永い歴史をもつ井戸水の利用は、上水道が入ったことで生活様式が変わった。利便性は高まったが、水利用の目的ごとに多量の水を使うようになり、これまで付設していた排水路では対応できないような状況が各地区に出てきた。

市街地内の生活排水を根本的なところから見直す時期にきていることを知った。

水利用を媒介とした「水縁」組織の成立

様々な水源を各地区に分配し住戸の質を高める水利用を可能にするため、住人の共同体が長い時を経て形成されてきた。この組織化された集団を、ここでは水組合と称し、この

水の多面的利用を成立させている要因　055

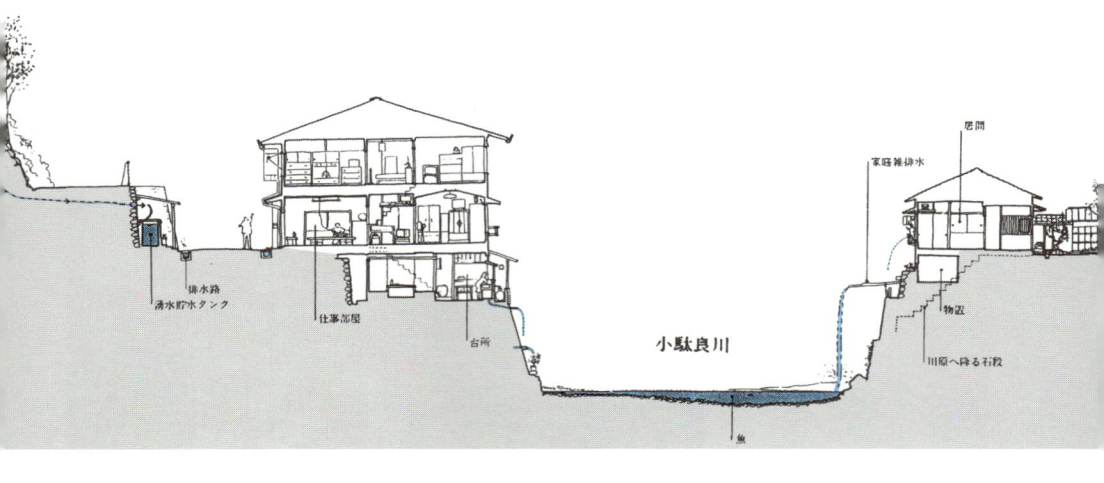

図1 小駄良川水域の水空間断面図

水組合員の活動から「水縁共同体」(水コミュニティと称することもある)としてとらえた。この形成の要因を次に記す。

1. 多様な水源を効果的に利用するため、住民は、水の特性を読みとりつつ水利用の領域や通水方式、形態をつくりあげ、水空間の維持や管理にあたる水利用組合を水源形態ごとに構成した。
2. 水縁共同体は主として、水利用における恩恵を分かち合う共同体となっているが、火災から街を守るという意識を備えている。
3. 水利用においてこの共同体は、共同で水源やその形態を使用するいくつかの住戸グループが構成単位となっている。この単位は、家(家族も含まれている)の集合体すなわち水利用組合である。
4. 水利用組合員(共同体)の多くは、水利用ばかりでなく祭事、町の行事などにも親密に協力し、同一の「水神」を祀る。

写真2 島谷用水最上流部にある共同洗い場
(地元では愛宕町のカワドと称する)

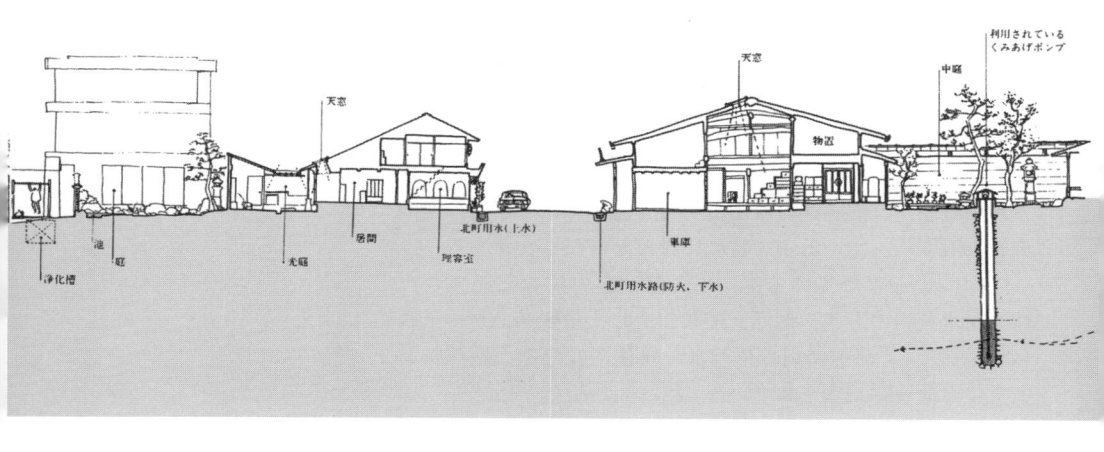

写真3 消火に使われるバケツと鐘。火元に用水の水をこのバケツでかける

この関係性は「同水一心」の水縁意識といえよう。
5. 自然作用の制約を受ける水源周辺の地理的条件の変化にともない、水利用の形態も細分化され、組合の単位も集合、分散があった。
6. 山水、湧水、河川水は容易な利用水源となり得たことから、初期の集住化は低地部から進展した。また、用水路通水方式は、農業の発展を主目的として開発された水利用手段であったが、低地に住戸が建てられるようになると、用水を分水して生活用に利用されるようになった。井戸水は、町の拡大によって、水源が得にくい地区に採用されたものであった。
7. 河川、用水などの流水空間は、その水系全体にわたって「水縁」を生ずる。各地区の水利用のフレームは、この河川系(吉田川系・小駄良川系など)の水縁をベースに成立している。井戸や湧水池のように容易には廃止はできない。河川、用水空間と利用者の水縁関係は、濃・淡の差はあるが存在し続ける。
8. 水源となっている流水空間は、その上流、下流によって水縁共同体が受ける効用が変化する。下流部では、上・中流部に比べ水質条件が悪く、水利用行為は少なくなり、水縁の密度も薄れている。
9. 上水道によって便利で衛生的な生活ができるようになったが、これまで永い歳月をかけてつくり上げた水源形態から生み出された「水縁空間」(ここでは、多面的水利を成立させた人と水との結びつく関係と称する)は消失することになり、水縁共同体の存在も弱体化している。この現象に対してどのような対応をするのか、今「水の町」は問われている。

水の多面的利用を成立させている要因

2.4
「水縁空間」論を八幡の水から学ぶ

　八幡町や、全国各地の城下町の中を流れている水路の空間調査に取り組んでいる中で特に印象深かったことがある。
　歴史性をとどめている都市に、昔から生活を支えてきた様々な水利用の方式、形態、道具、そして景観があり、それらの総体は、「都市に刻まれた水を媒体にしたその地域特有の文化となって刻印されている」ということである。
　そこに住む人々と水が交わる原型とでもいえる環境づくりの着想と手法が内在している街は、密度を高めた調査が必要だと考えてきた。
　水路空間は人によって形成されつつ、人を育ててくれる生命的影響力をもっていることも、多くの実例を見てゆくうちに確信するようになった。
　このような「人と水が互いに影響し合ってつくり上げた生命的水空間」の名をどう称すればよいかを考えた末、『水縁空間』と呼ぶのがふさわしいと考えた。
　そこで水縁空間の概念、空間の構造、造形、水から恵みを受け管理する人々の考え方などについて、八幡の事例を念頭に置きながらここに紹介する。

水による自然的作用
　街の中に付設されている歴史をもつ用水路は、人の手で水量を調節する造形と技術、そして水管理が発達しており、水路際にある建築空間へも引水し積極的に利用している。
　住戸が用水路に接するところの玄関、居間、台所などでは、用水路からの引水が容易であるため、軒下の空間には小さな観賞池、洗い場、盆栽用の鉢などがつくられ、水利用の効用を取り込んでいるところが多い。
　この「半戸外的空間」は、水空間と人が交流する好条件を備えている。この一事例を図2に示す。また、これらの用水路が市街地を流れる断面的な形状の代表的な事例を図3に示す。
　半戸外的空間で利用されている水空間によって生み出される効用や作用を絵図で表現すると、図4のように多面的であり、住戸内の生活空間に自然サイクル（水が本然的にもっている

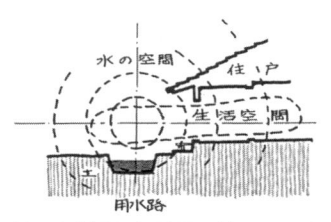

図1　水路空間と生活空間が融合することを表す概念図

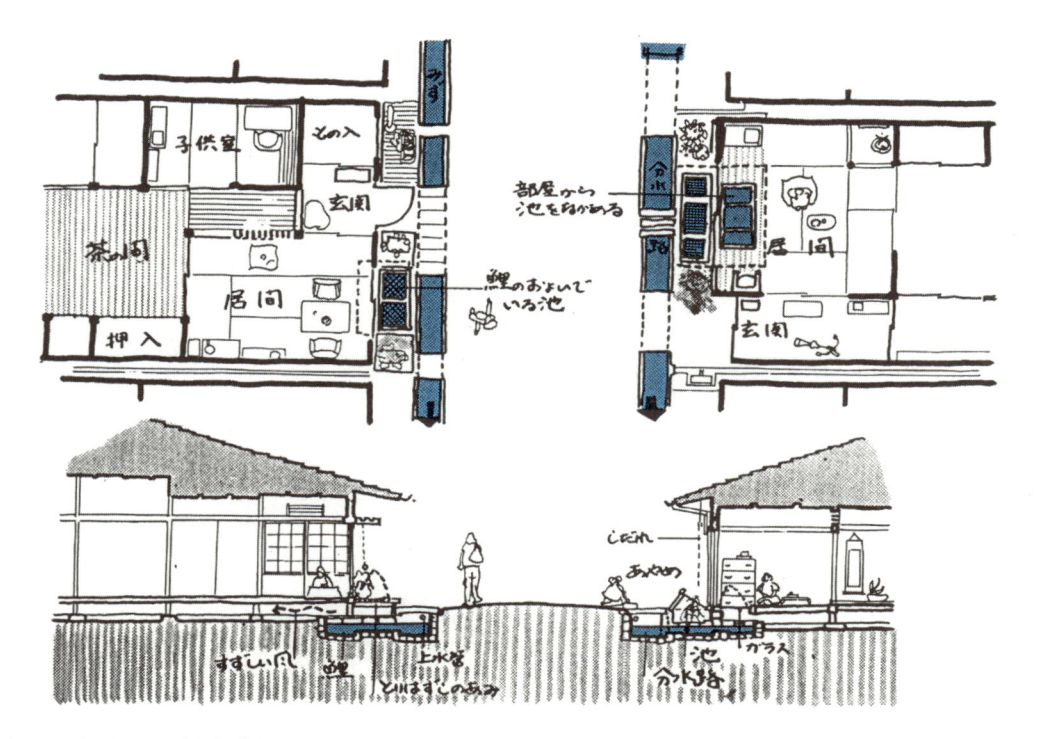

図2 津和野町にある水路際の「半戸外空間」の平面図(上)と断面図(下)

性質や作用のこと）が入り込むため、身近なところで水による演出を楽しむことができる。

　歴史をもつ城下町にある住居の中には、ここでいうところの「水による自然作用」を取り込む造形的工夫が各所に設けられており、生活を潤し楽しむ風流な生活空間をもっている。八幡町の街でも、この水利用形態を住居の中に組み込んでいるところが多く見られた。

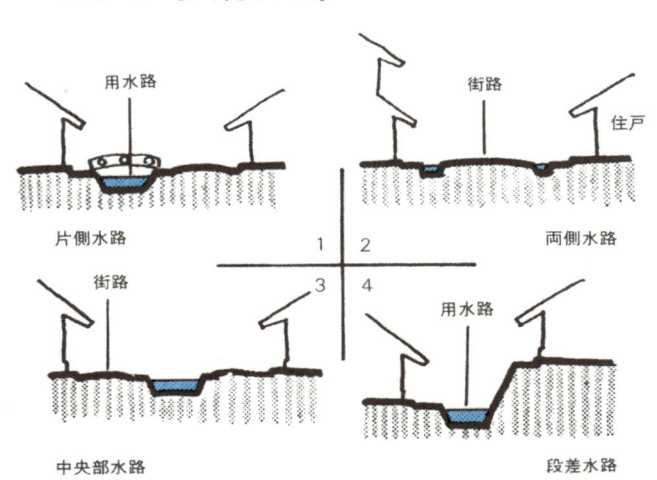

図3　市街地を流通する水路と道路断面の基本型

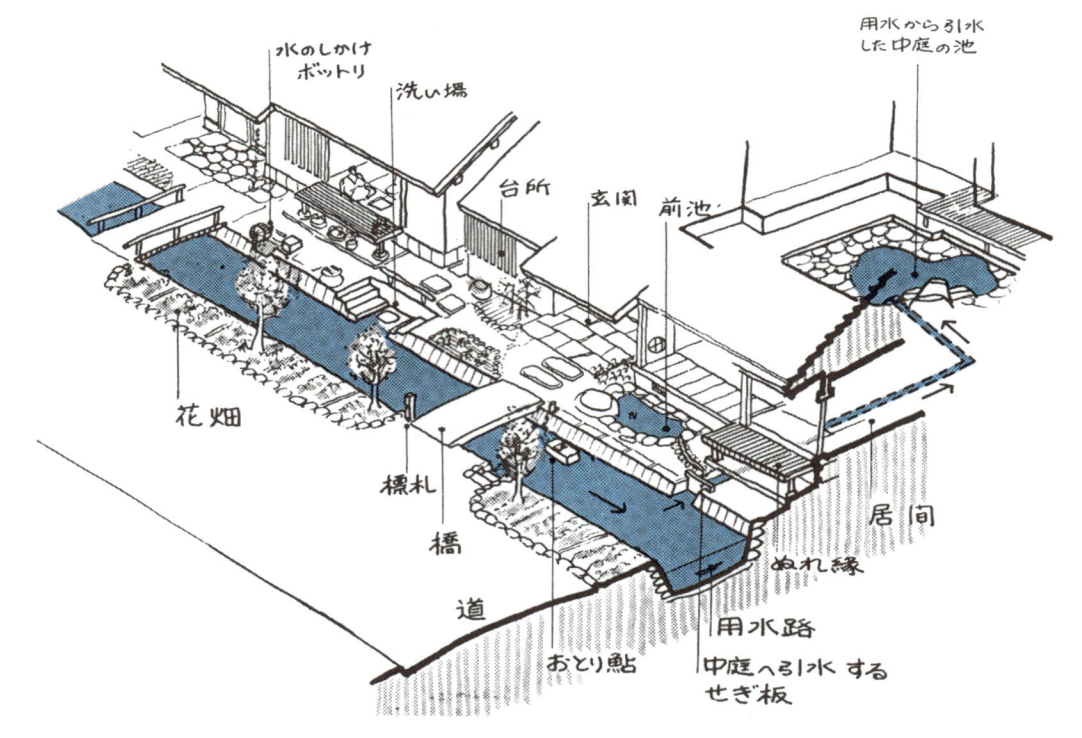

図4 水縁空間概念図。水路空間と生活空間が一体化して形成されている「半戸外的空間」の事例を図化したもの

水路の利用価値を高める「水縁空間」

　八幡町の市街地の街路に接した商家や住居の軒下は、一般的には「軒下」「ぬれ縁」「半戸外空間」などと称されているが、この空間が保有する各種の機能と効用を「縁空間」としてとらえる小論文(「都市住宅」1971.04)を見たことがある。この論文の中で空間要素に5項目あげ、そのひとつが「生成のシステム」であることを指摘している。筆者は、この縁空間に「水空間」が入り込んだ場合に着目した。水空間が入ることで水空間特有の機能や効用を果たすため、水のない縁空間よりはるかに多用性をもつ利用機能と効用を発揮している実態を各地で観察してきた。

　用水路が媒体となり、道ゆく人と住戸内の人との間に交流が生まれる。洗い場を清く便利に利用する水組合員間には、とくに濃厚な心的交流がある。この水空間を「縁」として、人と人、人と水が様々な状態の中で相互に働きかけ、「縁」づけあいながら生活環境をつくり上げてきたことに注目してきた。

　この水空間が核となってつくり出した空間を「水縁空間」と称する。ここに「水縁」と名づけたのは、水路ばかりでな

く河川や湧水などの水空間がすべて広く含まれており、これらの水空間は住人や訪問者を結びつけながら、心象風景の中にまで水のイメージを蘇らせる作用があると考えてきたからである。

　この水縁空間が保有する魅力を環境デザインという領域で活用するため、これまで述べてきた水空間と仏教の経典の中で位置づけられている「縁」という概念を合体させ、自然界と人がつくる環境が共生し得る条件を見いだしたいと考えた。

　街のなかの流水に「水縁空間」が有るとする発想を得たのは、無機的環境素の水が、有機的な生物体に作用し、人間（他の生命体を含む）への身体的影響にとどまらず、心理的領域にも働きかける力をもつことに関心を払い、水と人が「共生」の関係をもつことによって水の恩恵が受けられるということを学んだからであった。

　家の前を流れる用水路には、水縁空間があるという視点から、これまで全国各地の水路利用を調査してきたものを見直して明らかになったことは、水利用行為別に項目（たとえば「洗濯用」「防火用」など）を取り上げると約40の利用項目（72ページ表1）をあげることができるということである。これらの水利用行為を便利にしたり、効用を高めるため、水路ぎわには、水面

図5　水空間利用の分類図。「水路の水と空間」の効用をわかりやすくするため、キーワードをあげて分類して、その内容を図示したもの

用途	内容	利用場所	住戸との関係	例
生活	・物洗い　・食物　・衣類　・身体 ・冷却—食品、飲物を冷やし保存 ・飲用—水源に近いところで飲水	洗い場 用水路、ひきこみ池 水屋（段状の貯水）	台所、土間の一部に引水したり、用水路空間の一部に住戸がつき出る。	
環境、造園	・池への引水 ・散水 ・雪流し ・水の音	庭、ぬれ縁、床下 道、庭、植木鉢 用水路、分水路 用水路、池	池面をのぞみやすい形態。 土台部に竹格子を立てる。	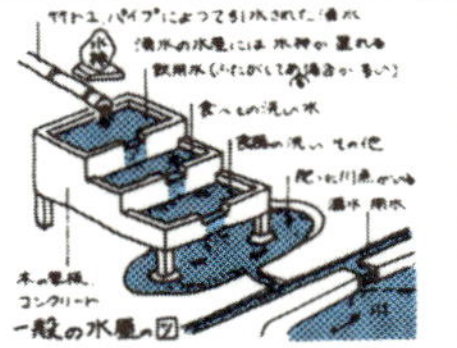
休息	・水辺の談話 ・すずみ	水辺の周辺 風通しの良いところ	ぬれ縁の延長 住戸の開放性	
水遊び	・釣り、魚とり ・水浴 ・水を媒介としたゲーム	用水路、池	住戸内から釣糸、網をおろす。	
エネルギー	・ボット ・発電	用水路 発電装置	軒下に置かれる場合あり。	
運搬	・川舟による物資、人の運搬	用水路（運河）	舟着場	
水を中心とした産業	・農業、養魚、酒造、染物	用水路	取水、排水が大きくなる。	
防火	・消火	用水路、貯水池	街内の一部に設けられる。	
観光	・観賞池、水神祭、おどり ・伝説	池、湧水の周辺	用途にふさわしい形態への工夫がある。	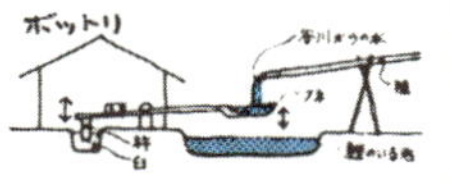

に近づく階段、平面状の足場、人が休むベンチ、水位を高くするせぎ板、防水貯水池、水辺の冷風を楽しむ縁側を設置するなど、住戸と街並全体が水路の保つ水縁空間化された構造となっている(図4)。

　このように用水路と住環境は、連続性を保ちつつ水のもたらす恵みを受けている。

　歴史をとどめる日本の城下町の中で水縁空間が残存している八幡町は、伝統的水縁空間を利用している街として貴重な存在である。

　この八幡町で水利用調査によって知り得たこと、学んだことは多大であった。ここに記しておきたいことは、昔の人がつくり、利用してきた歴史的水路と生活を共にしてきた人々によって磨かれた水利用の知恵、そしてその恵みを、私たちは強固に受け止め、これらの水空間を伝承してゆく方策が、今、求められていることである。

3章

水の恵みを生み出す「水利用形態」

城下町のたたずまいを残す街並は、三方を山に囲まれ、その中央を吉田川が流下し、宮ヶ瀬橋下で小駄良川が合流している。また、乙姫谷川などの中・小河川もこれら二河川に流入しており、川に縁深い歴史ある水空間を保有している。

　街の外周のほとんどが山際線に接していることから、湧水の多くは大・小の谷戸川から街の中に入ってくるし、街の中の地表に出てくるところもある。その代表的なものは「宗祇水」である。昔からこれらの水を集め利用する方式や造形、装置が各地に設けられ、住人の多様なニーズに合った水利用行為が繰り広げられてきた。

　しかし、時代が新しくなるにつれ、居住人口が増加し家屋が密集してくると、限られた場所でしか得られない水源は減少し、ぎりぎりまで身近にある水を利用せざるを得ない状況が出てくる。この少ない限定的な水を分配しつつ多用な水利用形態をつくり出していることを念頭に入れて、水利用調査を行ってきた。

　本章では、街の中の水利用形態がどのようなニーズから作り出されたか、それにはどのような通水方式で限定的な水源を確保し、どのような水路網や造形・装置を用いた水利用形態によって、水の効用、特性、恩恵を得ているかなど、調査によって得たものを図・写真で紹介する（1975年頃調査）。

3.1
水源の確保と通水方式

　街全体を見わたしてみると、豊富な水源があってそれらを分水して水空間を作り出しているように見えるが、細かく各水源状態をたどってゆくと、きびしい要件のもとで様々な工夫をしていることが見えてくる。

　ここに「水源のきびしい要件」の主だった項目をあげると、
1. 多面的水利用形態の増加
2. 洗濯機などの電化製品の利用、これによる排水
3. 防火用水の確保
4. 吉田川、小駄良川の河川水の汚染

写真1　市街地の街路横にある水路。「フタ」された中を点検する調査人

写真2　乙姫谷川水系で利用されている「せぎ板」

5. 街路の拡張整備による小水路のフタかけが増加し、これによって流水汚染が進んでいる。

　このような状況がある中で、歴史的水利用が続けられている。

　街が利用している水源は、大別すると、a.河川水（谷戸川も含む）、b.用水（河川水をせき止め取水したもの）、c.湧水（貯水された水を含む）、d.井水（地下から汲み上げられた水）、e.山間部からパイプなどで引水した水（私設簡易水道ともいう）、上下水道、などである。

　各住戸では、身近なところにあるこれらの水源を、個人的に利用したり、共同で利用してきた。

　街の中は、平坦地のように見えるが、敷地全体は、河川側にゆるやかな勾配がついている。そのため、上手側の水源から下手の水利用にまで流水が通しやすいという通水要件の利点を備えている。このため水路網が形成しやすく、通水量や通水方向を「せぎ板」で調節しやすい仕組みが設けられている。流水の落差ができ、落水の音が街なかに絶え間なく響いている。

河川水

　市街地を流れる川には、長良川、吉田川、小駄良川、初音谷川、滝山谷川、犬啼谷川、赤谷川、乙姫谷川、武洞谷川がある（図1参照）。これらの河川配置の特長として、吉田川と小駄良川が直角的に合流し、他の中・小河川も同じような直角的流入路をとっているため、街路構成も河川を軸にした配

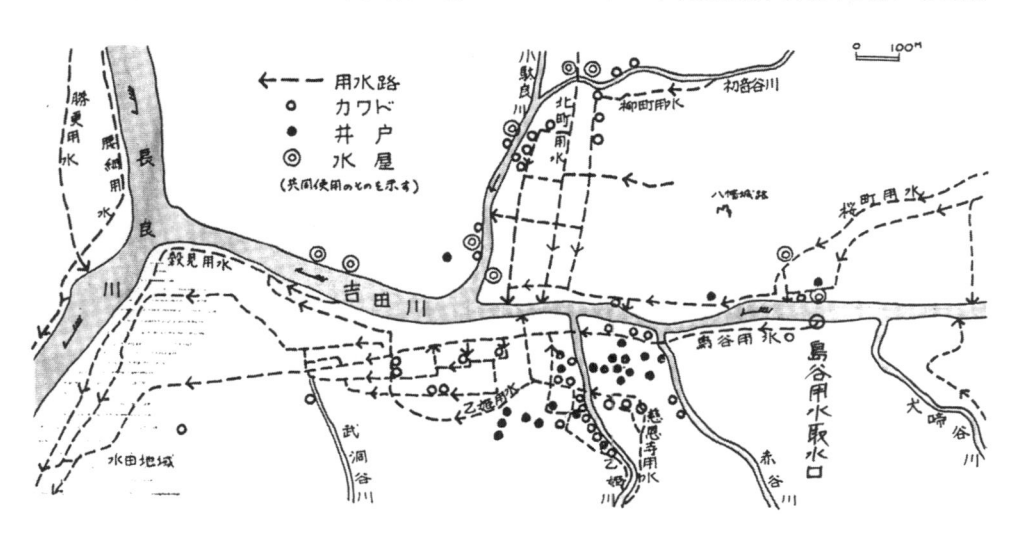

写真3　吉田川へ小駄良川が合流する風景。右下が下流

図1　市街内の水路網とカワド、井水、水屋の関係図（昭和51年に調査したもので現在では消えたところもある）

写真4 「せぎ板」を利用して水際で洗い物をしている婦人

置となっている。街の中を通っている河川の上流部には、これらの河川水を取水する装置が作られ用水路によって導水され、街の中に分配される通水方式がある。

用水

市街地を上空から見下ろすと、吉田川を境とすれば、北面が北町地域、南面が南町地域と呼ばれてきた。江戸時代頃は、柳町用水は北町の、島谷用水は南町の代表的な用水であった。北町を流れる北町用水は、大正8年（1919）の大火以前は、中坪以北の農業用水であったが、大火後、この用水は、通水量が増加され整備されて現在に至っている。慈恩寺用水は、乙姫谷川から取水し街の中を流通する長さ約400mほどの用水である（図1参照）。

本来は慈恩寺の池に引水されたものであったが、その余水が飲用水、生活用水として利用されてきた。現在では、池水に利用されたあと、寺内にある防火用貯水槽に貯められ、さらに下流で生活用水として利用されたあと吉田川に入っている。

用水の利用で多いのは、「カワド」と呼ばれている洗い場である。利用者は、用水路に「せぎ板」を使い水の流れを一時的に止め、水位を高めて、水洗いしている。

湧水

市街地のいたるところで地中の浅い部分に帯水層があるため湧水が多くあるが、近年の道路のアスファルト舗装、水路のコンクリート被覆などにより、浸透する水量が減少したた

写真5 山地から出てくる湧水をパイプで引水し「水舟」で受水して利用しているところ（中坪地区）

図2 湧水を竹樋などで引水したものを「水舟」で受水して利用しているところ

めか、以前のような湧水量は見られなくなった。しかし、ところどころでは、水舟で湧水を受水して飲用水にして使用している。

井戸水

街の中には地下水帯がある。浅いところでは5～6m程度で井戸水を得ている。昭和38年に犬啼谷川上流で水源を貯めた上水道施設が完成するまでは、各戸、あるいは共同井戸を生活用水としてきたが、現在では、積極的に利用しているところは少ない。しかし、上水を使う台所に引水して雑用水として利用しているところはある。

私設簡易水道

谷戸川上流で取水し、長いパイプによって自家（共同利用もある）へ引水し洗濯水、池水、撒水などの雑用水に利用しているところがある。水利用しているところでは、水屋の水舟を利用しているものもあるが、中には、蛇口を付けているところもある。各家では、上水、井水、山水（簡易水道）と三つの水札を付けて水を間違えないようにしている。

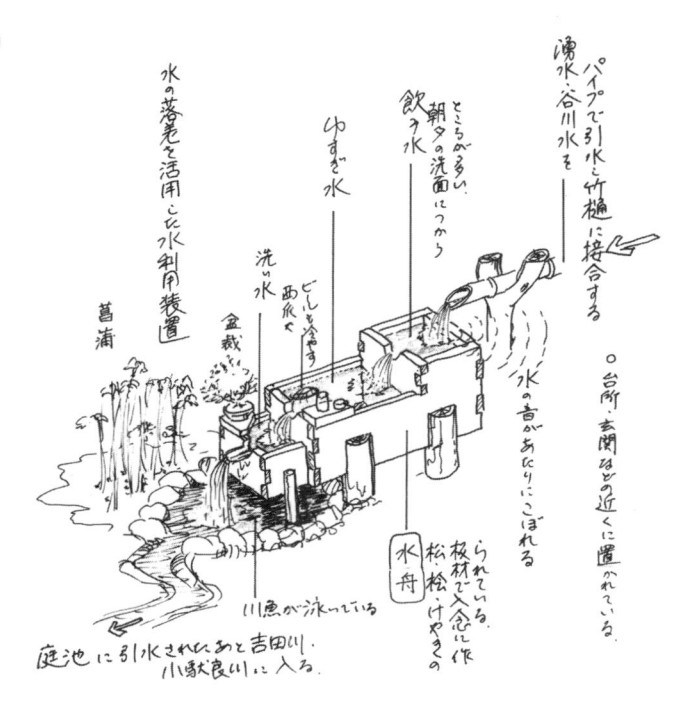

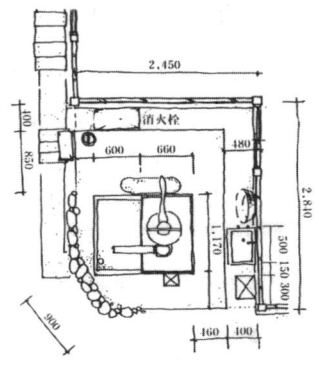

図3 右京町の共同井戸の平面図

写真6 右京町の共同井戸

上水道

　昭和38年（1963）、八幡町に上水道が付設された。取水場所は、犬啼谷川上流の旧天然氷製造場で、その池の湧水を水源にあて、日量2,670トンであった。市街地の拡大にともない、現在では第二水源が必要となり吉田川上流に取水源を計画している。

3.2 水路網と取水・分水方法

　市街地内では、吉田川や小駄良川の水を取水しこれらの水を中・小の水路に通して、水門やせぎ板などの水調節装置により引水して生活用・生産業用として利用する方式を用いている。

　街なかに入った水や井水は、多面的（飲用、生活用、防火用、養魚用など）に利用されてきた。家々の前・後を流れる水を自家の庭に引き入れ、観賞用、水遊び用などに利用されたあと再び水路に戻されている。

　これらの水路網に注目すると、水空間そのものが街の形態を構造的に組織づけていると考えられる。

　町内で得る良質の水は、自然状態で流下する河川水、湧水、地中水（浅層地下水）と大別できるが、これらを利用目的に応じて住居や街なかに導水している。

　河川水の多くは、図1のように取水口を付設し導水して、水路によって街の中の水路網に引水している（写真1参照）。

　湧水の水源は山地の裾際に多く分布しているため、パイプ

写真1　吉田川左岸から取水する島谷用水・取水口。右下が下流

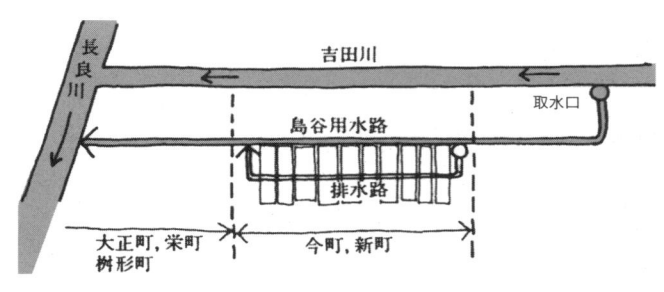

図1　島谷用水路の分水方式を概念的に図示したもの

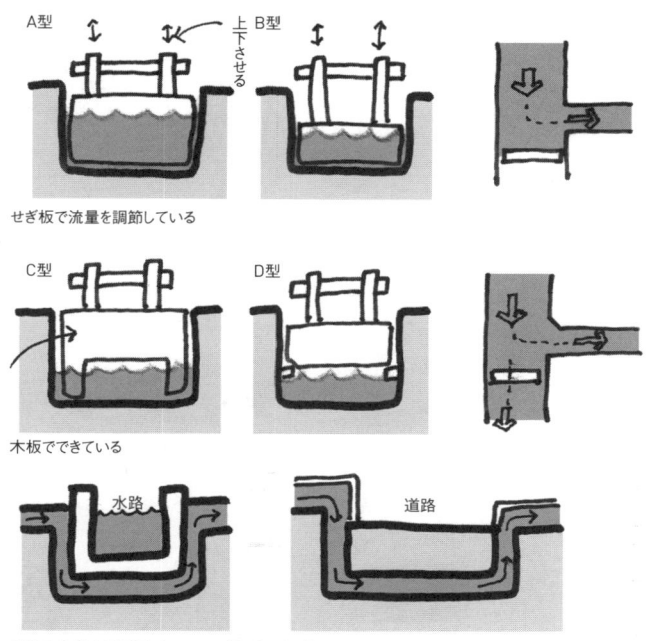

図2 伝統的な水路網の流水調整装置

A型　B型　上下させる

せぎ板で流量を調節している

C型　D型

木板でできている

水路　道路

水路や歩道の下を「サイフォン」で通るところがある

流水の調節を手動で
おこなっているところもある

やU字溝などによって「水舟」（1節の図2参照）に受水し、様々な水利用を行っているところが現存している。

　井水は、屋敷内や共同水屋に「井戸」が設けられ、手押しポンプや電動ポンプによって台所や洗い場に引水されて利用している。

　用水路網に入った水は、図2に示したような「せぎ板」や「水門」によって流量が調節され街路側面の水路を流れる方法がとられている。

　流水の調節（「せぎ板」によるもの）は、水利用者である住民の手によって操作されている。

　水路網内の水調整は、用水路が創設された時代（江戸時代のものもある）から続けられている（図2）。

水路網と取水・分水方法　069

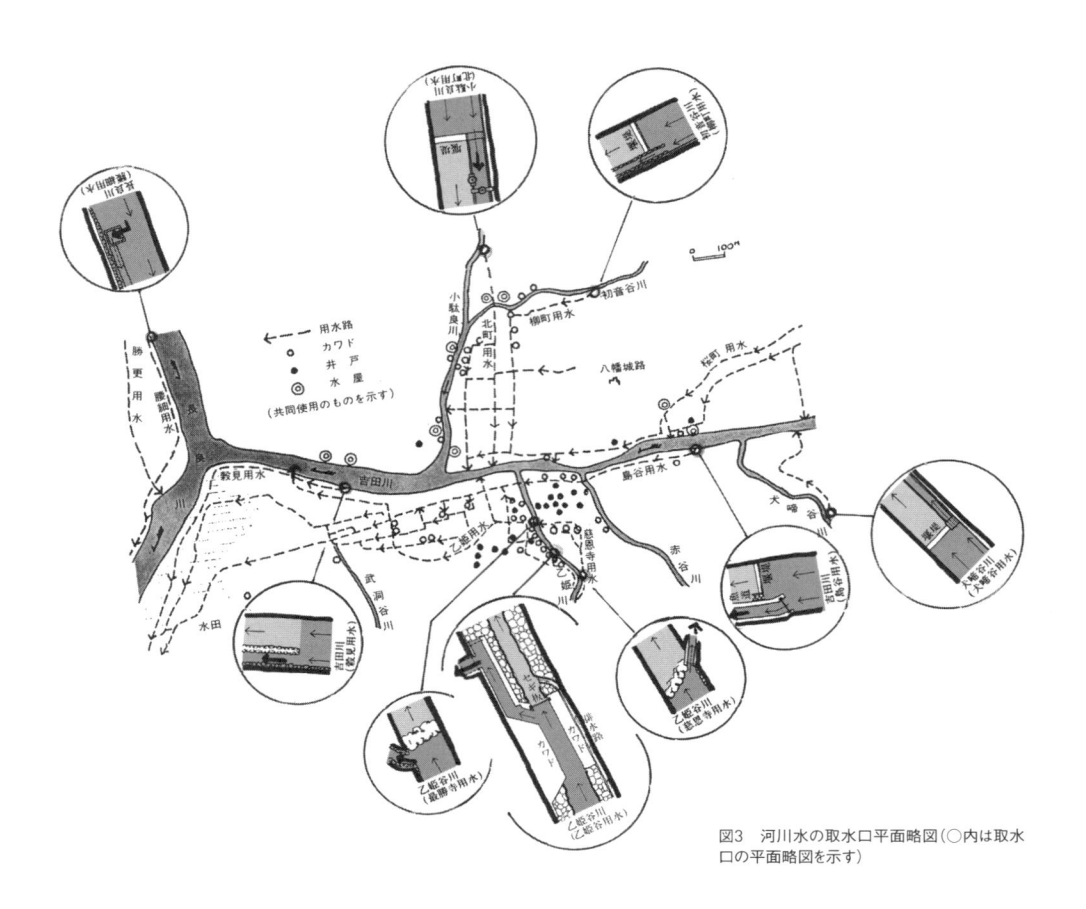

図3 河川水の取水口平面略図（○内は取水口の平面略図を示す）

図4 せぎ板をおろすと乙姫谷川の清い水が街中を流れる

070　3章　水の恵みを生み出す「水利用形態」

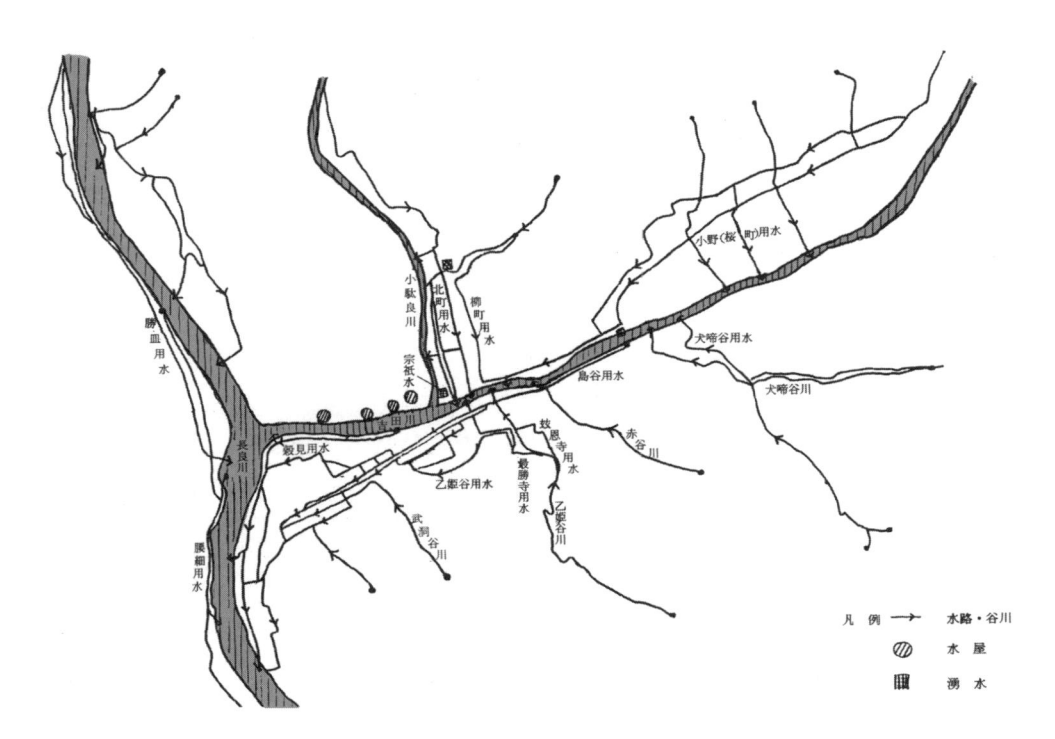

図5 八幡町の「用水路」網図(1975年頃)

住民の身近なところを静かに絶え間なく流れ、水の恵みをもたらす水路からは、先人の永い歳月にわたる労働の蓄積によって支えられてきた歴史の重みを感じる。

3.3
多面的な水利用形態

　市街地に存在する水空間について、様々な目的をもって利用する行為とそれを支える造形を、ひとことで言えば「多面的水利用形態」と名づけて説明してきたが、本節では、この内容を水利用形態ごとに分類し、表1のようにまとめた。そして、この分類の大項目ごとに事例をあげ解説を行う。

生活用水
　街の中を流れる川の水際や用水路の横には、「カワド」と

表1　八幡町の水利用形態一覧。昭和50年調査(1975年)渡部一二、堀込憲二、郭中端

利用形態			
分類		利用内容(利用行為)	
1.生活用水	飲用	犬啼谷川(いんなきだに)上流から取水する上水ができるまで、谷川の水を一部の区域で使用。現在は上水・井水・湧水使用。	
	物洗用	食物:魚貝類洗いと調理。野菜・果物洗い、食器洗いに谷川や用水を使用している。 衣類:洗濯物のすすぎ、運動靴・長靴の洗濯に川や用水を使用。 身体:洗面、手足洗いに谷川や用水を使用。	
	冷却用	夏期の谷川・用水・湧水などを利用した果物・ジュース・ビール等の冷却。	
2.防火用水	用水、井水	ほとんどが防火用水としての機能を持っており、用水はセギ板により、水を堰き止めて使用。家の軒下には消火用バケツが備えられている。井戸にも消火用バケツが備えられている。	
	貯水池	用水を貯水池に溜め、防火貯水槽としている。	
3.生産業用水	農業	島谷用水、北町用水、穀見用水、小野用水、腰細用水、勝更用水等。	
	漁業	主としてアユ、他にアマゴ、ウグイ、コイ、ウナギ、マス、イワナ等が漁獲。マスの養殖漁業等。	
	酒造業	湧水や井水使用。湧水として有名な白雲水は酒造の水として使用されていた。	
	製糸業	川水、用水、井水を使用。また動力源として川や用水を使用していた。郡上製糸では吉田川の水を使用。	
	染物業	染物の水洗いや水さらしに用水や吉田川上流を使用。	
	洗張業	個人用井戸または共同井戸から機械力で水を汲み上げ使用。	
	製氷業	最近まで犬啼谷川と赤谷川上流で氷田圃による天然氷の製造が行われていた。	
4.環境用水	雪流し	用水や谷川を利用。フタのされた用水でも、処々フタが取れるようになっている。	
	池への引水	用水と住宅との間に鯉や金魚を飼う池がある。また中庭に用水を引き込む例も多い。	
	散水	用水を道や植物への散水に使用。また谷川の上流から各戸にパイプで水を引き、散水、洗濯、池への引水に使用。	
	水の音	町中に川の鳴る音が聞かれる。水の音による涼感。	
5.水力利用	精米・精粉	ボットリ、車屋(水車を利用)。ともに小川のわずかな流れを利用した自家用の精米所である。現在では動力化して、どちらも見られなくなった。	
	水力発電	明治32年、乙姫滝利用の岐阜県初(日本でもごく初期)の発電所設立。明治39年、島谷用水利用の発電所設立。現在は中部電力の配電所として残存。谷川を利用し、自家発電をし、耕地にめぐらせた電線により鹿等を追い払っていた時期もあった。	
	揚水水車	田植期の田や養魚池への引水のため、用水路や川に設けている。	
6.親水空間利用	釣り	長良川、吉田川、小駄良川でアユ、アマゴ、コイ、ウグイなどが釣れる。子供による魚とり等。	
	水浴	長良川、吉田川、小駄良川に11カ所の指定水泳場がある。	
	観光漁業	長良川にアユのヤナ場がある。マスの養殖。	
	水と観光池	滝水(不動滝、乙姫滝、三段の滝、法伝の滝)、峡谷(天竜峡)、湖水(鬼谷湖、勝軍池)、湧水(白雲水)	
	水辺の休息	日常川辺に寝イス、縁台などを出して休息に利用。	
7.水上交通	材木運搬船航路	9割以上が山林であるこの町では昔から林業が盛んで、その材木運搬船の航路として長良川が利用されていた。	
	流木路	長良川、吉田川を利用した流木による木材運搬が行われていた。	
	渡し舟	長良川横断のための渡し舟が勝更に現存する。(勝更の渡し)	
8.水と関わる祭り	水神祭・川祭	宗祇水神祭、乙姫霊水神祭、犬啼水神祭、岸剣神社祭、電気地蔵祭、夏祭。	
	伝説と祭り	水に関する伝説が多く、それに因んで行われる祭りが多い。	
9.水と生物	魚	アマゴ、アユ、ギギ、アカザ、ニゴイ、ウグイ、アブラハヤ、オイカワ、フナ、コイ、ドジョウ、シマドジョウ、アジメドジョウ、ウナギ、スナクジ、ヨシノボリ、イワナ、カジカ、アカムツ、サワガニ等が町全域の川、谷川、用水路に見られる。	
	水辺の鳥	トビ、ハシブトガラス、ハシボソガラス、セグロセキレイ、キセキレイ、カワガラス、ツバメ、カワセミ、ヤマセミ、ミソザイ等が町全域の川辺に見られる。	
	水生昆虫	水生昆虫、ホタル等。	
	水棲天然記念物	オオサンショウウオ、モリアオガエル、ウナギ群。	
10.水にまつわる風物詩		湧水と水神、年中行事と水(若水くみ、イブシン、七夕)、漬け物とクキナ、魚と調理法、郡上節と水。	
11.風習・伝承・文人		宗祇水(白雲水)と連歌歌人、飯尾宗祇の歌と伝説、アユと画人、詩人。	
12.水を核とする共同体		町の構成、コミュニティの媒体となっている水。	

水形態（現場が1カ所でも確認できたもの）						
川水	用水	井水	湧水	池水	私設簡易水道	上水道
		●	●			●
●	●	●	●		●	●
●	●	●	●		●	
	●	●	●	●		
	●	●	●	●		
●						
●				●		
		●	●			●
●	●					
●	●	●				
		●				
			●			
●	●			●		
	●			●	●	
	●	●	●		●	
●	●		●			
●	●					
	●					
●	●			●		
●						
				●		
●			●	●		
●	●					
●						
●						
●		●	●			
●		●	●	●		
●	●			●		
●				●		
●				●		
●				●		
●	●	●	●			
●			●			
●	●	●	●	●	●	●

写真1　衣類を水路の水でゆすぐ人。見ていて気持ちが良い。画面左手には「せぎ板」が立てられているのが見える

呼ばれる洗い場がある。カワドには、用水をせき止める「せぎ板」(図2)装置によって使用するものから、用水路の上部や川べりに屋根をかけたもの(写真3)、吉田川のような河川の水際に近接して洗い場にしているものもあり、それらの形態は様々である。

　カワドは、個人用のものから100戸ぐらいが共同使用するものもある。これらは各地区の水圏域に適合して存在している。現在では、主に洗濯機利用後のすすぎに使用される。直接、カワドに来て洗剤を使う洗い物は少ない。

　朝どきのカワドは、用水路のほとりで主婦たちが向かい合い、賑やかに物洗いする光景は活き活きとしている(写真5)。

　カワドには、小さな子供も母親に手を引かれてやって来て水と遊んでいる。街を流れる水の多くは、夏は冷たく感じる。乙姫谷川などの谷戸川の水は湧水が流入しており、冬期は水温があまり下がらないので物洗いは助かるという。

　利用者の間には習慣となっている決め事(ルール)があり、あとから洗い場に来た人は、必ず下流で洗うようにしている。

写真2　上柳町用水路で、なべのゆすぎをする婦人。「せぎ板」をつい立てている

写真3　犬啼谷川下流部の屋根つきの洗い場

写真5　乙姫谷川上流の共同カワド

写真4　吉田川の共同カワド

写真7　水路の中には、ビール、ジュース、スイカなどが冷やされている

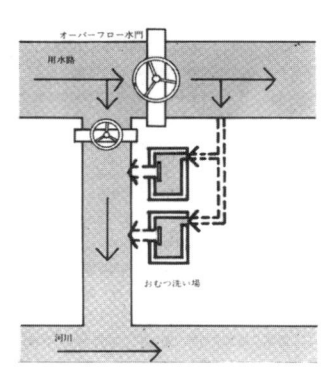

図1　おむつ洗い場は、用水の水を分流しているところに設けられている（島谷用水路上流部）。その略図を示す

写真6　洗い物をするときに、水路につい立てられる「せぎ板」。この「せぎ板」の使い方にも決め事（ルール）がある

　北町用水が流れる職人町付近では、各家の前にせぎ板を使うカワドがあるが、そこを使う人は、数軒も離れた下流の利用者に声をかけてから使い始める。軒下を流れる一条の水が、人の心のつながりを生じさせる媒体となっている。水縁空間とは、このこともイメージしている。

　上流のカワドでは魚介類、野菜などの食物も洗われたり、食器洗いにも利用される。夏のカワドにはビールなどの飲物、スイカ、トマトなども冷やされている。秋の漬物シーズンには、白菜や大根の洗い場として賑わう。いくつかの用水路にはおむつ専用の洗い場があるが、おむつのすすぎで使われた水は、用水に入れず吉田川などの河川に排水している。

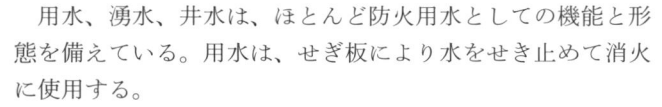

防火用水

　用水、湧水、井水は、ほとんど防火用水としての機能と形態を備えている。用水は、せぎ板により水をせき止めて消火に使用する。

　火元の近くにある水をすばやく消火水に使用するため、各家の軒下には町会名の入った消火用バケツが吊り下げられてある（写真8）。

　用水路の横には貯水池を設け、せぎ板により常に取水し、補給されるので、オーバーフローした水は用水路に入水している（この方式を水の「バイパスシステム」と称することもある）。

　吉田川以北の殿町、職人町、鍛冶屋町、本町を流れている北町用水は、大火があったあと、取水口を変更し水量の増強

写真8　軒先に吊り下げられている防火用バケツ。火災に対する注意深さが現れている

工事が行われた。それ以降は幸いにも大火は発生していないが、用水の豊かな水量は、日常の生活用水、環境用水として大きな役割を果たしている。

　島谷用水は上流部で幅1.5〜2.0mあり、街の中では最も大きな用水である（写真10）。昭和48年（1973）頃、大規模な改修が行われ、三面がコンクリートで覆われた。以前は、街路の中央部を流れていた時代もあったが、流路が道路側面に移されたあとも、側面は石積で草木がはえ川魚なども棲息していた。改修後は、川魚などの生物の姿はすっかり消えてしまったことがあった。この用水には四つの共同洗い場があったが、水路改修後は、使いにくくなって利用する人も少なくなった。

　乙姫谷川から取水する慈恩寺用水は、寺の池水を確保する目的で創設されたが、緊急時の防火用水として機能するようになっている。貯水槽の水門を開くと、街並が密集する立町方面へ直接送水できるように水路網がつくられている。

写真9　柳町用水の水を貯水し「防火用水」にしている

生産業用水

　濃尾平野を潤す長良川とその支流の吉田川は、アユ、サツキマス、アマゴなど多種類の川魚を育ててきた。また、川沿いには、美濃紙で知られる製紙業、繊維業などの産業を育んだ。深く水に関わりをもつ八幡町の主な生産業には、用水を利用する農業、河川や湧水池を利用する漁業、井水や湧水を利用する酒造業、製氷業、吉田川や用水を利用する製糸業、染物業などがある。

　林業の資源である山林は、川水の豊かな水源となっている。この川水の安定流量は、住民の生活用水を満たすとともに、漁業をはじめとする多彩な生産業に恩恵をもたらしてきた。

写真10　島谷用水の上流部の様子。修景デザインされる以前の風景

農業

　この町の水田は、谷地の平地部を切り開いた（約528ha）ものである。灌漑用水は、河川から取水して用水路を通し分水されている。勝更用水、腰細用水などでも取水し河川沿いの水田に通水している。

漁業

　郡上の川水は源流河川も多いことから水質が良く、川魚の香りや味が優れ、ことにアユやアマゴは賞味されている。長良川・吉田川にはアユが多く、各河川で友釣り、夜網、簗（やな）（写真15）などによって漁獲されている。アユだけで年間

写真11　水路によって水田地域に通水される様子

写真12　長良川のアユ釣り風景

写真13　湧水を流し込み種鮎を保管しているところ

写真15　長良川に設けられた「やな」。伝統的な漁法のひとつ

写真14　水路につけられた「いけす」の中のうなぎ

35〜40トンの漁獲があり、岐阜、名古屋、東京方面に出荷している。

製糸業

明治6年（1873）には、郡上で初めての水力繰車による製糸工場が営まれる（写真16）。現在では、吉田川・八幡大橋上流部から電動ポンプにより水を汲み上げ、工場内部に送水利用している。郡上では生糸生産のほか、「郡上紬」があり、戦後は宗廣力三氏などの努力で八幡の主要産業に成長している。

酒造業

八幡町には、明治37年（1904）には4カ所の酒造所があったが、このうち、平野酒造店は現存している。この店は、湧水として有名な「白雲水」（「宗祇水」とも呼ばれている）のそばに位置し、以前はこの水を汲み上げて酒造に利用していた。今でも町内で売られており、辛口のなかにも浸みるような風味があるのは、水の性質によるものであろうか。

染物業

奥美濃の清流が育てたといえる産業に「郡上藍染め」がある。その店は、立町の渡辺染物店である（写真17）。家の中に入ると土間があり、10個の瓶が埋め込まれている。店の前には、乙姫谷川の清流を引いた用水路（幅80cm）が流れており、

写真16　製糸工場内で水利用しているところ

写真17　乙姫用水の水で藍染めの布を洗う渡辺庄吉氏。大正期までは八幡町内で10軒を数えた紺屋も今では渡辺紺屋だけとなり、渡辺氏が400年に及ぶ藍染めの伝統を受け継いでいる

写真18　藍染めの寒ざらし。かつては岐阜県下500軒を数えた紺屋も今では渡辺紺屋ただ1軒。14代目渡辺庄吉氏によって藍染めの伝統が受け継がれており、昭和36年に県の無形文化財の指定を受けている（「八幡の観光案内」より）

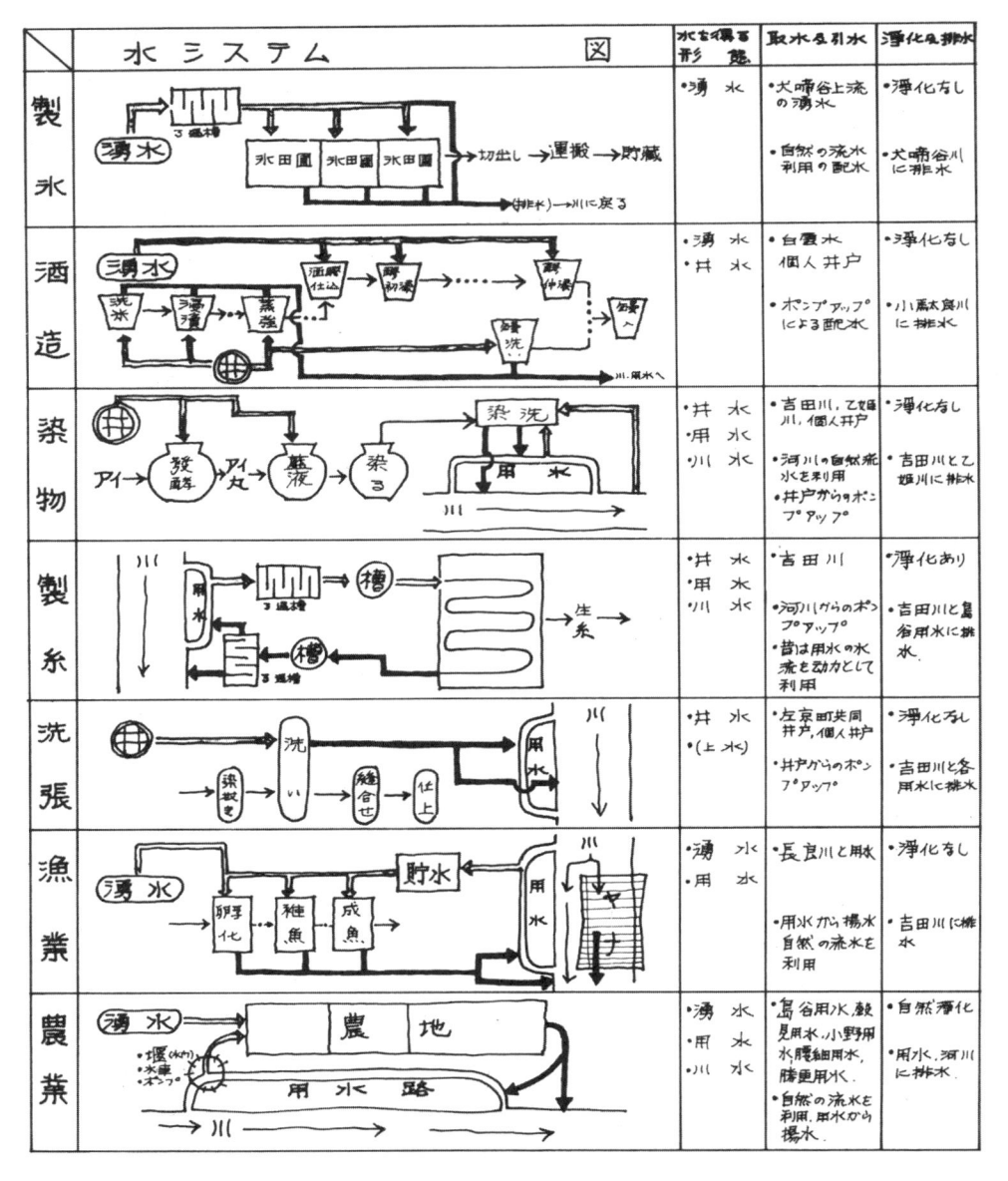

	水システム図	水を得る形態	取水及引水	淨化及排水
製氷	(湧水→3番柄→氷田圃×3→切出し→運搬→貯蔵、排水→川に戻る)	・湧水	・犬啼谷上流の湧水 ・自然の流水利用の配水	・淨化なし ・犬啼谷川に排水
酒造	(湧水→洗米→浸漬→蒸米→酒母仕込→醪初添→醪仲添→瓶洗→搾り、排水へ)	・湧水 ・井水	・白雲水個人井戸 ・ポンプアップによる配水	・淨化なし ・小馬太良川に排水
染物	(井戸→アイ→發酵→アイ丸→藍液→染る→染洗←用水←川)	・井水 ・用水 ・川水	・吉田川、乙姫川、個人井戸 ・河川の自然流水を利用 ・井戸からポンプアップ	・淨化なし ・吉田川と乙姫川に排水
製糸	(川→用水→3過槽→槽→3過槽→槽→生糸)	・井水 ・用水 ・川水	・吉田川 ・河川からのポンプアップ ・昔は用水の水流を動力として利用	・淨化あり ・吉田川と島谷用水に排水
洗張	(井戸→染叩き→洗い→雑合せ→仕上→用水→川)	・井水 ・(上水)	・左京町共同井戸、個人井戸 ・井戸からのポンプアップ	・淨化なし ・吉田川と各用水に排水
漁業	(湧水→卵孵化→稚魚→成魚→貯水→用水→川)	・湧水 ・用水	・長良川と用水 ・用水から揚水、自然の流水を利用	・淨化なし ・吉田川に排水
農業	(湧水→農地→用水路→川、堰(水門)・水庫・おつつ)	・湧水 ・用水 ・川水	・島谷用水、殿見用水、小野用水、膝細用水、膝更用水 ・自然の流水を利用、用水から揚水	・自然淨化 ・用水、河川に排水

図2　町内の水産業とその水利用システム図

この水が布さらしに使われる。しかし、最近では、乙姫谷川上流にあるカワドで使われた水が汚れがちなため、吉田川へ行き、さらすことが多くなったという。店主の庄吉氏は、毎日のように水を使い、見ている。仕事柄、街の中の水の汚れが進んでいることになやんでいた。

　鯉のぼりや、ノレンの仕事があり、その寒ざらしは真冬の雪が積もる吉田川の川原で行われる（写真18）。清流と純白の

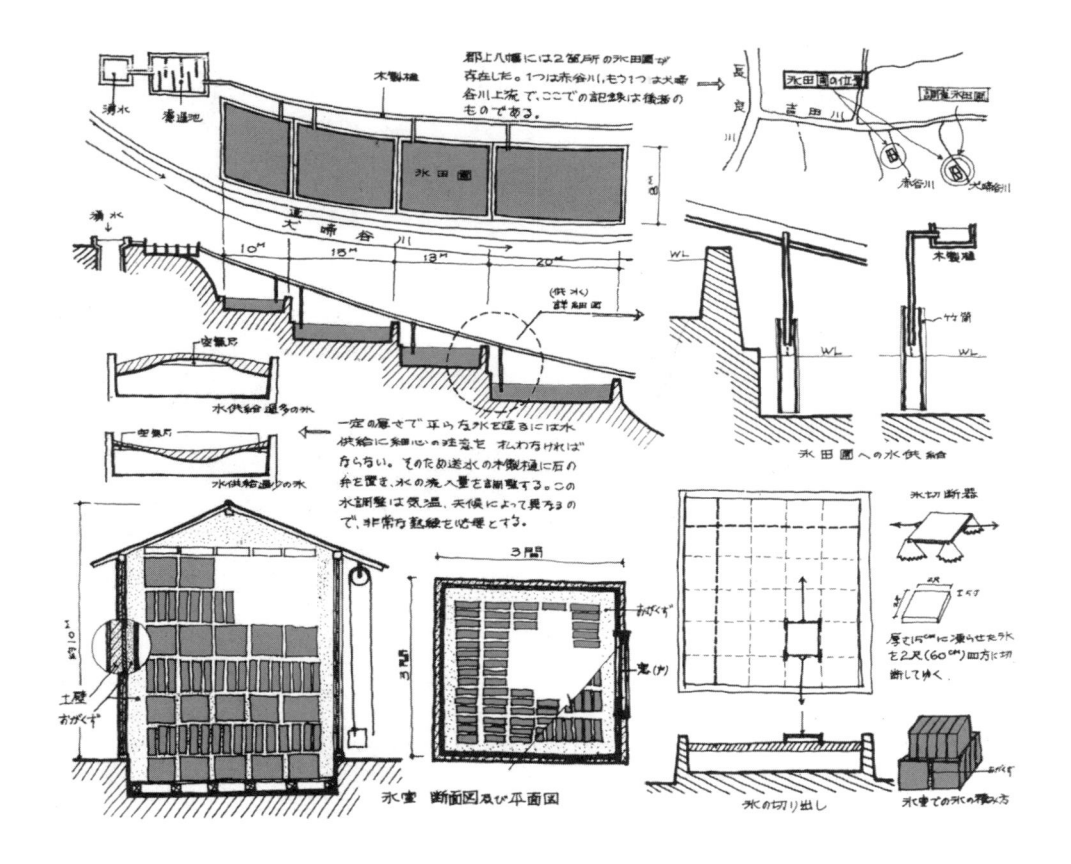

図3 氷田圃。昭和30年代までこの町には2カ所の氷田圃があった。一つは赤谷川に、もう一つは犬啼谷川の上流。赤谷川の氷田圃は、夏のアユ出荷のため漁協が専用したもので、赤谷川に上流から水を引き入れていた

雪の光で洗われた鯉のぼりは一段と美しさを増す。

製氷業（天然氷の製造業）

　昭和30年代まで、この町に2カ所の氷田圃があった。赤谷川のものは、夏のアユ出荷のために漁協が専用してきた。もうひとつは犬啼谷川のもので、林業を営む人たちの冬期の副業として行われた。その水源は、犬啼谷川上流の湧水が利用された。

環境用水

　街の中は、いたるところに水が流れており、耳をかたむけると、様々な水音が聞こえてくる。街の人々は、この水のリズムの中で生まれ育ってきた。

　夏期の川辺は、子供の水遊び場になるし、夕方になると、川筋は涼風が通るため夕涼みの人々が集まってくる。街路の側面を流れる用水路は、洗い場にするだけでなく、盆栽や魚を育てる家もある。また用水路の横に池をつくり、コイやウ

多面的な水利用形態　079

写真19　吉田川の川遊び風景

写真20　水路に面した家の自慢の盆栽

写真21　裏山を借景に取り入れた庭池の風景。静かなたたずまいが心にしみる

写真22　道に沿っている水路から水をすくい"打ち水"しているところ

写真23　谷戸川の水をパイプで引水して二階屋根にかけ、冷房用として利用している民家。省エネルギーの先進例か

写真24　水の落差を応用して精米などの加工に利用している装置（1975年頃）。この町では「ボットリ」と呼ばれている

ナギを観賞している。新町の用水路ではアヒルが飼われていたこともある。

　用水が流れるところは、緑が多い。自然に生育するものもあれば、家の表口を飾る鉢植えが置かれたり、小さな池が作られ、川で漁ったアユやハヤがいたり、野鳥もやってきて水浴びしていることもある。街の中の小さな水空間は、様々な自然作用を呼び戻してくれる。夏になると、表の通りは用水路の水を汲んで水まきがされる。水でいつも洗い流されるため、それらの街並は清く感じる（写真22）。

　冬、雪が積もると用水路にかぶせられたフタがとられ、そこへ雪を流すところも見られる。

水力利用

水力発電

　明治32年（1899）、乙姫谷川の落水を利用した、岐阜県初の水力発電所が建設された。40馬力の直流エンジン発動機を使い点灯数量は300余個であった。その後、町には発電所がつくられてきたが、昭和2年（1927）には、中部電力株式会社・吉田川発電所となり現在に至っている。

精米・製粉水車

　水の落流を利用して「ボットリ」や水車を動かし、精米や製粉を加工してきた。ボットリの原理は、一本の丸木の端に

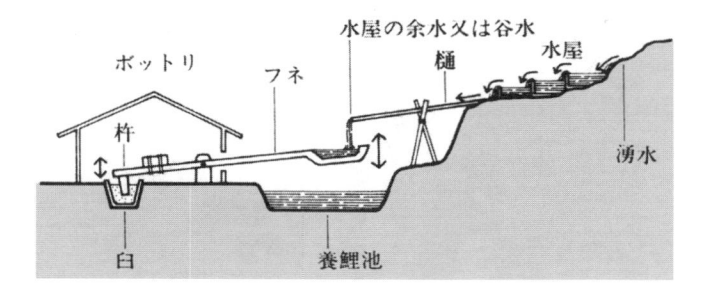

図4 「ボットリ」の原理を図解したもの

杵を取りつけ、他の端は水が溜まるひしゃく状にくりぬいてあり、そのひしゃくに水が溜まるとその重みで下がり、杵を持ち上げて臼の中の米をつくというものである（写真24）。

日本庭園などに用いられている鹿おどし（僧都）は、このしかけを応用したものである。街の中には、水の遊びとしてこの造形を使い楽しんでいる家もある。

水の流水力を応用して水車を回転させ、その力を杵が上・下するようにして、臼の中の米や麦を打つ水車が、街の中で利用された時期もあった（この水車復活をテーマとして八幡小学校横に「水車ポケットパーク」が創設された）（写真25）。

揚水用水車

水田や養魚池より川水や用水路が低いところにある場合、流水で水車を回転させて水を汲み上げる装置のついた水車が街の周辺にいくつか見られた（写真25）。

写真25　用水路の水によって水車を回し、水輪につけられた竹筒で水を汲み上げて水田に入れる装置（1975年頃）

写真27　用水空間で水遊びを楽しむ幼児たち

親水空間利用

魚とり

八幡町には「堰普請（いぶしん）」という農業用水修理の年中行事がある。このときは、用水の水門を閉じて川干しするので、子供たちの魚とりには絶好の機会となる。とった魚は、家の前に作られた池に入れ、食べたいときに取り出して料理する。夏になると吉田川、長良川へ釣りに出かけたり、川べりの家の中から釣り糸を垂らす人もいる。秋になり大雨で川水がにごるときには、長良川の簗（やな）（写真15）に川魚がのっかるので人気がある。筆者は、この様子を見るため早朝出かけ大きなナマズをつかみとったことがある。

水浴

町内には、指定された水泳場が、長良川、吉田川、小駄良川に、合わせて11ヵ所ある。吉田川の宮ヶ瀬橋下の水泳場は水際に砂地があるためか利用する人が多い。街の中心部にこのような水の広場（水泳場）があるのは、大きな魅力である。

多面的な水利用形態　081

写真26　吉田川辺の砂地で水泳を楽しむ家族づれ

水遊び

　街の人々は、子供の頃から用水や川に様々な方法で親しみながら成長してきた。水につかり、休息し、魚や草花と交流することで自然の恵みに浴してきた。八幡町で見たこれらの水空間を、日本各地の都市は、都市化の進展とともに、失いつつあるのだと思った。

写真28　湧水家にいる鯉をながめる父子

水上交通

渡し舟

　長良川の合流地点や、この下流には、長良川を人や荷物が渡る「勝更の渡し」があり、現在でも利用されていた（写真29）。

木材の運搬

　町の周辺域は、昔から林業が盛んであり、それに加え木工産業（玩具・木器製造）が営まれている。昔は、切り出した材木を下流に運ぶため材木運搬舟が使われていた。

写真29　「勝更の渡し」場風景

水に関わる祭事

　水に結びついている祭りは夏に多い。この地で行われている夏祭りは、古くは水神様の縁起をもつという。水は農民にとって死活問題であり、神にその加護を求める水神祭や雨乞いの祭りが行われてきた。八幡町の水に関わる祭りの中で主なものは、
- 犬啼水神祭
- 電気地蔵祭
- 岸剣神社川祭

- 洞泉寺弁天七夕祭
- 乙姫霊水神祭
- 慈恩寺弁天祭
- 宗祇水神祭

などであり、神事が行われたあと、近くの路上や広場で郡上おどりが行われる。ここにあげた祭りは、それぞれ固有の歴史と神事をもち、水との関わりもそれぞれ意義深いものがある。本項では、上述の祭りの中で水が関わるものを紹介する。

電気地蔵祭

電気地蔵という耳なれない名がつく地蔵が、常磐町の通りの一角に安置されている。

この由来について調べてみると、およそ180年前（1810年頃）、現在の中部電力会社の下で吉田川べりに出ている岩上に立てられた地蔵尊があった。その淵は底知れないほど深く青々としており「川の主」が住んでいると言い伝えられてきた。ここで死する者は多く、おそれられていた。当時の藩の重臣・近藤将監は、これを憐れみ水死者の追善と以後の水難を避けるために岩上に地蔵を祀った。不思議にもその後水死者はいなくなり、人はこれを救命水難除地蔵と呼んだ。明治26年（1893）、吉田川の洪水のとき、この地蔵は流され行方不明となった。ところが明治39年（1906）、八幡水力発電所建設の工事中、川下に流されたはずの地蔵が、安置されていた岩上よりおよそ30m上流の砂地の中より発見された。その日（9月15日）を例祭と定め、現在のところに安置し、年々祭りを開き水難除けの祈願をすることになった。水力発電所の建設

写真31　湧水が流れる水場で茶会が催されている風景。「宗祇水」祭

写真30 「宗祇水」祭のはなやかさがただよってくる

中にその場所近くから発見されたため、電気地蔵と名づけられたという。例祭は常磐町内の祭りとして行われている。

宗祇水神祭（本町・小駄良川左岸）

　宗祇水（写真30、31）は、別の名を「白雲水」とも呼ばれる湧水空間となっている。その水のほとりは清く、落ち着いたたたずまいをとどめている。

　この湧水空間の原形は、寛文年間（1661～1673）に描かれた城下町絵図（第2章1節の図1参照）にも記されている。文永年間（1469～1487）に連歌の大成者・飯尾宗祇が八幡に来て、領主・東常縁が古今和歌集の秘奥を学び終えたので、宗祇が旅立つ際、別れを惜しんだ常縁が見送りに小駄良川のほとりに来たとき、宗祇は、老桜樹の下に清泉がこんこんと湧き出るのを見て、このほとりで別れの一首を詠んだ。

"もみじ葉の　流がるる龍田　白雲の
　花のみよしの　思ひ忘るな"

　以来、この湧水を「宗祇水」と呼び、のちに城主・遠藤常友がこの和歌にちなんで「白雲水」と名づけた。

　現在もこの湧水空間は水屋として、飲用水や物洗いに近くの住民の生活用水として利用されている。

　宗祇水祭は、8月20日前後に行われている。当日の神事が終わると、水屋のまわりでは野点の茶会（写真31）が開かれる。同時に本町通りでは、郡上おどりが始まる。宗祇水の水は普段から茶水として評判が良く、茶人によく汲まれている。

　街全体から見れば点状の水縁空間の中の湧水が、周囲の住環境に潤いをもたらすとともに、歴史的文化を伝承し、祭りの空間を演出する核となっている。

写真32　役場前の「郡上おどり」風景。この会場横を吉田川が流れている。"郡上のなぁー八幡出て行くときは、雨も降らぬに袖しぼる"を代表歌とする「郡上節」は1590年代には、その原形があり、領民の間で踊られていたと言われる

写真33 八幡町内の水路や、河川にいる魚たちの姿絵。観察力のある人が描いたもので表情が活き活きとしている

写真34 吉田川と小駄良川が合流したところに姿を見せた「ヒダサンショウウオ」

写真35 柳町用水のほとりで、夕方、水まきがすんだあと談笑するひと時。そこを冷風が通り過ぎる

写真36 柳町・安養寺横の水舟。水による落差で水音が響く

川にいる魚

　吉田川をはじめとする川には、多種の魚(写真33)が棲んでいて、それぞれが上流から下流まで適した環境に棲み分けしている。
　アユは長良川・吉田川に多くいる。そのアユを得ようと、近県からも訪れて吉田川筋が賑わう時期がある。
　清流が流れる谷戸川には、イワナ、ウグイなどがいるので渓流釣りをする人たちもいる。
　吉田川と小駄良川が合流しているところでは、ヒダサンショウウオが現れる。筆者は、宗祇水の調査をしているときに2回出会った。魚の主といわれるだけあって頭は大きく(体長80cm)口も大きいが、目は小さくて可愛い(昭和59年頃。再会を約束し、身をなでつつ別れを告げた)。

水にまつわる風物詩

　街の中は、碁盤の目のように街路で仕切られ、深い軒先を連ねた街並は、江戸時代の面影をとどめている。これらの街並を通る道の横には小水路が流れており、足下あたりから水音が発生して街並の中に響いている。この水音の調べは、季節折々に変化し、あたりの街並風景に色どりをそえている。
　初夏になると街を囲む山並は若草色に染まり、川水、用水は流量を増して街の中を流れゆく。この水音が響いてくると、街の人たちもどこか活気づいているのを感ずる。水路沿いの盆栽の手入れも始まるし、水路の清掃も始まり、その変化する様子をなにげなく楽しむことができる(写真35)。
　7月上旬になると、神社、お寺の周辺にはちょうちんや、ぼんぼりが飾られ、道のそばに祭り用の台車が出てくる。街並風景は徐々にカラフルになり、祭り気分が高まってゆく。その頃になると、"郡上のなぁ〜八幡出てゆくときは、雨も降らぬに袖しぼる〜"と、水音と和して郡上節が聞こえてくる。この最初の歌詞に「雨も……」、「袖しぼる……」と、水に縁する言葉が入っている。
　これらの歌と踊りは、豊かな情緒と素朴さが含まれ、どこか哀愁をおびており、心にしみる。

風習、伝承、文人

　街の人々が家の中で祀っている神々は、いろいろある。ここでは水に関係深いもののあらましを記す。
　多くの家では、水神様が鴨居に祀ってあり、商家では、稲

荷信仰が多く、毎月、決まった日に礼拝する。井戸の底に、「井戸の神」として赤松の枠が組み込まれているという。ところによっては、石または木板に「水神」を明示している（写真38）。

　板壁、土倉の最先端部などに、この建物を火災から守るという願いを込めて「水」という字を標示しているところもある。

　伝承されている民話や民芸の中には、水に関するものが多く残されている。「雨乞い」の話、「水上ヶ池」、「かっぱ」物語、「弘法清水」などの由来などが伝えられている。

　八幡には昔から文人が多く、各地で活躍している。街の中でも創作活動が活発であり、毎年刊行される郷土文化誌『郡上』には、「ずいひつ」「連句」「詩」「俳句」「短歌」「小説」「座談会」「動物記」「写真」「絵図」など多彩な分野の作品が収録されており、八幡の水文化を知るうえで欠かすことのできない情報がつまっている。

水を核とする「共同体」と「かたち」

　街の中で生活する人々は、水を利用し、水の清さを維持するために、労力をいとわずに共同活動に参加し、これらの行動を日常の生活の中に組み込んでいる。

　川や水路を汚すことは、自分たちが住む街をきたなくすることにつながっているという連帯意識が強く、「水を使う」という行為に昔から厳しい定事をして守ってきた。

　川・水路・井戸などには、掃除当番がおり、定められた一週間は、一家総出で決まった水場（区間もある）を清掃するし、そこを流れる水量調節も行ってきた。また、その水場がきれいに使われているかどうか注視してきた。

　年に一回は、流水区間を共同で受けもつ組合員が総会を開き、水利用の維持・管理に関する相談が行われる。

　これらの組織の中には「水利組合」が構成されているところが多くある。水路空間を共同で利用している「共同カワド」には、洗い場の一角に、組合員の名前が表示された「名板」がある（写真40）。

　水を限定された空間で利用する方式と、この方式を効果的に行う造形が作られている大・小のカワドは、「八幡型の伝統的水利用形態」とみなし文化的遺産として、継承してゆきたい。

写真37　職人町の水路風景。郡上おどりのあるとき、ともされるちょうちんが軒並に並ぶ

写真38　水場に祀られている「水神」の造形。玉石には水（ガラスコップ）がそなえられている。水神様も呑（のど）がかわくことがあるのだろうか？（一本杉）

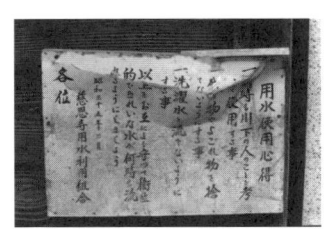

写真39　用水路を利用する「カワド」の横に貼られている定事。「用水使用心得」とある

写真40　常磐町・両朝日町の「共同カワド」を利用する組合員の名板

4章

「水の町」再生に向けた
提案、イベント、計画へ

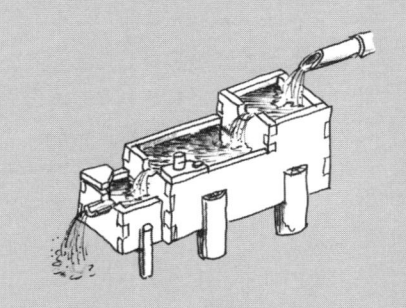

4.1 水環境調査の成果を町づくりに向ける

　八幡町・市街地の水環境調査や歴史的景観調査に取り組んでいるうちに［昭和48（1973）～55年（1980）頃］、この町が、国内で伝統的水路による水の多面利用形態を保有している貴重な「水の町」であることがわかってきた。

　しかし、このことを住民や町役場の水空間に関係している職員に説明したが、関心を示されなかった。地元の人たちは、水が豊富にあることは当然であるとの意識が強かったし、永年続いた水利用方式を応用していれば、増加する生活排水による水路や河川の汚染や、水辺風景の悪化にも対応できると考えている人が多かった。

　私たちが水環境調査したところ、街の中の歴史をもつ排水システムでは対応しきれない水汚染問題があることを知り得たので、どう解決すればよいか、思索した。

　現実に見られるような水に対する意識と排水システムが続くと、生活排水が水路に入ってくることで湧水や井戸水の減少と汚染が進むし、街の周辺部の宅地開発にともなう河川水の汚染の進行、上水道の普及にともなう湧水、井水利用者の減少、水組合員の縮小などが年々進行し、これから10年も経たないうちに、今まで見られてきた多面的水利用形態（3章で示した水空間など）の大半が消失してしまうだろうと、心を痛めた。

　この街の水環境汚染問題に前向きに対応するため、調査で得られた情報をもとに具体的な検討を行った。そこで、調査成果を公表することにした。まず知人や、調査に協力していただいた住民、商店街の有力者（さつきの会が多い）、町会長、町会議員、町長、役場の水関係者等にパンフレットをつくり力説して歩いた。その要点を次に示す。

1. 八幡町の町づくりにとって水空間は最大の環境資源（環境宝物）である。
2. 国内でも屈指の水を多面的に活用している珍しい水空間を体感することができる。
3. 水浄化（水質・水量を含む）のための基礎調査と計画立案が必要であること。
4. 水の恩恵を町が受けられる「水活用のマスタープラン」を

策定すること。
5. 住人や訪問者が気軽に水空間に触れ楽しむことができる「水のポケットパーク」を計画し創出すること。
6. 水利組合による水管理の水浄化方式の導入。
7. 「水の町」として全国に向けて水に関するイベントなどを行い、水を宝物として町づくりを展開している自治体と交流する組織を立ち上げる。

　これらの項目は、町の人々の理解と協力が徐々に得られネットワークが広がり、様々な形で実現されてきた。このいくつかの項目は、実現に向けた活動や環境整備がこの頃から始まった。
　本章では、筆者らが提案・計画したものの中で、町役場で採用された計画のプロセス・デザイン作業の内容を要約して解説する。

4.2
水の恵みを受ける「マスタープラン」の策定

水空間活用の「マスタープラン」
　街の中の水環境調査を実施している段階で浮き彫りになったことは、当初の予想を超える水の多面利用が展開され、住人の手が永年にわたって加えられ博物学的空間にまでなっているということであった。この歴史的な水利用の知恵と空間を保全、継承するために考えたことは、先に述べたように、調査した成果を公表し、生民や、水に関係し影響力をもつ人たちの水に関する意識の変革が必要だと考え、各種の講演会、新聞、雑誌、専門誌の論文投稿などに積極的に発表した。同時に、町が進める町づくり計画の中に、水の恵みを受けられる町にするためのマスタープランを策定することを提案した。
　この提案書を町長、議員、さつきの会の役員のところに持ち歩き、合意を得る活動を行った結果、昭和55年（1980）9月、議会を通過し、調査のための予算がつけられ、町で認められた調査活動として多くの参加者のもとに進行することができ

た。

　このマスタープラン策定は、これまで筆者らが取り組んできた環境調査の成果を活用できたため、高密度の内容を織り込むことができた。翌年度には「郡上八幡『水空間』を活用した町づくり構想」と題した報告書をまとめることができた。ここに、その主項目を紹介する。
　①街並保存の構想、②水空間のポケットパークづくり、③宗祇水周辺の整備、④立町水路の整備、⑤吉田川沿いの遊歩道、⑥橋のデザイン（吉田川）、⑦新町を通る用水路の景観デザイン、⑧水浄化計画、⑨大正町などの公園整備、⑩水に関するイベントの開催、⑪住民参加の町づくり方式。

「水浄化計画」の概要

　町内の水源、湧水利用、用水、排水の通水システム図を作成し、主な汚染源をあげ、町の将来を展望した、水の多面利用形態を保全・活用するための八幡独自の排水処理方式を示した。また、水路周辺の歴史的景観をとどめている「柳町」「職人町」や乙姫谷川、島谷用水事業の要点を記している。

水に関するイベントの開催

　「郡上おどりの町」として知られているこの町を、全国に「水の町」としてイメージアップするための各種のイベントを積極的に行う内容を織り込んだ。町内には、芸術家、作家、工芸家、文人、芸能人などが多くいるし全国にファンがいる。ここに着目し、これらの文化人を媒介とした発表会、シンポジウム、環境教育などを八幡町周辺で開催するという構想である。その中心拠点として、八幡の水を展示テーマとする「水博物館」の建設を提案した（この構想は7～8年後、「博品館」が創設され、その一角に「八幡の水」を紹介するコーナーができた）。これら提案した中のひとつとして、環境庁（当時）が行った「名水百選」に八幡町が入り、第一回の全国規模の水シンポジウムが開催された。詳しくは、次節で解説する。

水空間を核とする「ポケットパーク」づくり

　湧水、水路、河川などの水空間は、街の中に多く分布しているが、住人や訪問者などが憩い、楽しみ、交流できるような水のある広場、ポケットパークが調査時に少なかった。計画案づくりとして、街の中にまとまりのある広さのある公園や広場を整備することは難しかったので、河川や水路空間に

は公園的要素が多彩に点在していることに着目し、既存の水空間のそばに数人がベンチで憩える敷地が使えればポケットパークになり得ると、発案した。

このポケットパークの魅力として、身近に歴史をとどめた水辺空間や景観を借景とするデザイン手法を組み込んだ。

4.3 「名水百選」シンポジウムの開催

街の中の由緒ある湧水空間—「宗祇水」が、名水百選に入る！ というニュースが八幡町を賑わし、実質的に全国に知られたのは、昭和60年(1985)3月28日のことであった。筆者らがこれまで、国内でも「水の町」として貴重な水空間を保有している、と力説してきたことを裏付けることになり、この機会を活用し、町が苦心している水浄化計画や水のマスタープラン作成などの実施を前進させるバネにできると考えた。

町役場では、この「百選」に入ったことを大歓迎するとともに、これまで重要視してきた水に関するイベントを八幡町で開くことが決定され、筆者らにも協力の要請があったので、快諾の意を伝えた。

シンポジウムの主旨と経過

八幡町で、昭和60年8月2日、3日「第一回全国水環境保全市町村シンポジウム」が開催された。環境庁が選定した「名水百選」に入った全国86市町村の関係者、運動団体、学識経験者等が出席し、「名水」をいかに守り、育てるか、熱気のこもる報告、討論、交流が展開された。

とりわけ「名水百選」に入った自治体から、いっそうの観光ブームが高まることで環境悪化が心配されるという話が多く出たことや、これまでの「名水」は、住民が愛着をもって維持管理してきたものが多く、今後は、行政のより大きなバックアップが大切だと訴える関係者の声が印象深かった。

日本の「名水」を選ぶという環境庁の試みは、日本の各地で湧出、あるいは清流を形成している名水を改めて見直し、

写真1　八幡町で開催された「第一回 全国水環境保全市町村シンポジウム」の会場

その歴史や民衆による保全活動を再評価し、国が「名水」として指定することによって、それを取り巻く自然や状況を人が気ままに改造したり変質できないよう守ってゆくことが狙いであった。

「名水」保全への提言——パネリストから

　シンポジウムの1日目は、日本の「名水」（主旨説明——環境庁官房参事官）保全のあり方について、7人のパネラーが各自が水環境保全に取り組んできた体験と保全への提言をもとにしてパネルディスカッションを行った。以下、発言順に題名を記す。

1. 「名水」の保全と「円環」の思想
　　——渡部一二（多摩美術大学助教授）
2. 日本の名水保全のあり方
　　——藤原正弘（環境庁水質規制課長）
3. 「宗祇水」の保全と民間団体による水環境整備について
　　——谷沢幸男（郷土文化誌編集長）
4. 生命の源
　　——重網伯明（朝日新聞社論説委員）
5. 都市河川再生の展望と課題
　　——田中栄治（地域交流センター代表）
6. 市民運動の立場から名水について考える
　　——若林高子（三多摩問題研究会）
7. 名水の誇りと生活の水
　　——小瀬洋喜（岐阜薬科大学教授）

分散会（2日目）の水情報公開

　当日の夜、郡上おどりなどで親交を深めた参加者は翌日、初日にもまして意欲的な姿で会場を埋め、最初に伊藤和明氏（NHK解説委員）による記念講演に聴きいった。次の分散会では、五つの会場に参加者が分かれ、全国各地の名水選定市町村の関係者から保全の経過報告、および保全活動に取り組んだ苦心談、観光化することへの問題点、開発による湧水枯渇のおそれ、将来への展望などが語られ、活発な討議と情報交換ができたことは有意義であった。

シンポジウムの所感

　水環境保全シンポジウムの企画、コーディネーター、パネリストとして関わったことで、全国から選ばれた「名水」環境の現状を知り、印象に残ったことは、地域に結びついている独自の水文化や、これらの水空間を育んできた名水にふさわしい水環境を未来に継承することが、いかに困難な状態に

本大会で決議された「大会宣言文」の内容

> **大　会　宣　言**
>
> 　水は生命の源であり，われわれ人間はもとより，地球上のあらゆる生命体にとって欠くことのできない大切なものである。
> 　かつて日本は，豊かな水に恵まれ，四季折々の変化に富んだ風土の中で，それぞれの地域に結びついた独自の文化を育んできた。
> 　古くから全国各地に「名水」として引き継がれてきた水は，毎日のくらしを支え，「やすらぎ」や「うるおい」を与えるものとして，人々の心に深く入り込んでいた。
> 　しかしながら，今世紀後半のほんのわずかな間に起こった急激な社会情勢の変化と生活様式の多様化によって，水の恩恵は忘れ去られ，水をめぐる環境は，日々悪化の一途をたどっている。特に大都市では，「名水」に値するものを含め多くの水環境が埋没したり，涸渇の危機に瀕している。
> 　われわれは，全国各地にまだまだ多く存在する「名水」の保全に取り組みこれを人間と自然が共につくり上げた遺産として，後世に残すことが急務であると考える。
> 　第一回全国水環境保全市町村シンポジウムに参集したわれわれは，このような共通認識のもとに，次のことを宣言する。
>
> 1. 地域の人々のくらしの中で，水に親しみ，水と共存する社会の実現をめざす。
> 1. 各地で人々が守り育ててきた「名水」など優良な水環境をさらに発掘し，その保全の輪を広げていく。
> 1. 水と環境に関する諸問題を調査・検討し，優良な水環境を積極的に保全するための施策を推進する。
>
> 昭和60年 8 月 3 日
> 　　　　　　　　　　　　　　　　　　　全国水環境保全市町村連絡協議会

置かれているか、具体的に知ることができたこと、言い換えれば、歴史性をもった水環境は今、大きな危機に遭遇しているという実感を強くいだいたことである。水環境のあらゆる面で、具体的で強力な対応が必要なのである。

　参加者の多くが、この視点を共有したことは確かであろう。そして国民全体が、水環境の価値を知り、身近な水環境に愛着をもって接し、街の中を水が「喜んで」流れる環境を整えるため、あらゆる工夫を施すことの重要性を認識したのである。

　その波動の原動力が、八幡に集まった人々によってこれから起こされると思った。この波及効果が、第一回の「水環境保全市町村シンポジウム」の大きな成果といってよいだろう。そして大会のしめくくりとして「大会宣言」が提示され、参加者全員の賛同を得た。また、この「名水」を核とした町づくりの諸活動は、今後、各地で活発に展開することを参加者らと約束し合った。

　このシンポジウムは、これ以来、「名水百選」に入った自治体が開催地となり、もちまわりで毎年続けられている。

4.4
「水浄化」構想計画

流水汚染の状況

　町内にはりめぐらされている大・小の水路の内側を観察し調査してみて感じたことは、フタがかけられていない水路は、大半がきれいであったことである。一方、フタがかけられている水路（コンクリートや鉄製のフタ）の内側には、家庭から出る排水がドブ状になって沈殿していたり、悪臭を放っているところなどが各所に見られた。

　昭和40年代から50年頃に実施された水路・側溝の改修は、ほとんど暗渠化したところが多く見られた。

　水路や側溝にフタをするという行為は、個人がどんな物を流しても他からチェックできないようにし、永年にわたって水利用してきた行為ができなくなり、その結果、慣習として行われてきた「水路掃除当番」などは、行政の責任とされようとしている。

　町内の水路の暗渠化が進むと、家庭排水の多くが水路や側溝に溜められ、河川や町内の水環境の悪化が進み、ひいては伝統的水利用の空間も消滅するのではないかと考えたのである。

　街の中の水環境調査を始めてからまもなく、吉田川、小駄良川、長良川などの河川水の水質の変化や悪化状況のあらましを知るため、「アユ釣りの達人」たちに、「今から10年前と比べてどんな変化状況か」とたずねた。

1. 昔といちじるしく変化したことは、川床の砂、石に付く藻の性質が悪くなり、アユたちの好む藻が減少し、水棲物相が単純化した。
2. 川魚の種類が減少し、清流を好むイワナ、ヤマメ、ウナギ、ナマズなどが、激減した。
3. 魚類に元気がなくなり、小粒であり、ときには背骨の曲がったアユを見たことがある。

　川水の水質変化状況を知る手がかりとなる川魚たちがSOSを発していることを知り、この状況を放置できない時期にきていることを知った。

河川水質変化の要因

1. 町全域で最大流域面積をもつ吉田川水域には、昭和50年

(1975)前半から街の上流域で、住宅団地、工業団地などの建設が進んだこと。
2. 飛騨高山へ通ずる道路の開通にともない、吉田川上流域でスキー場、ゴルフ場、リゾート地の造成などの開発が進み、吉田川へ多量の排水放流が始まっていること。
3. 市街地内の下水道施設の不備による生活排水の河川への放流量の増加が続いていること。
4. 上水道施設が街の中に付設されたことによって、伝統的水利用とその管理方式が薄れ水路の汚染が進んだこと。

などがあげられる。ここで強調しておきたいことは、町内の「水浄化」対策なくして、「水の町」への再生はあり得ないということである。私たちの調査班は、この点に留意して調査提案活動を行ってきた。

水路環境の実態

町内の水路網の創設は、今から400年ほど前の寛文年間頃とされ、その当時から防火用水と生活用水と併用して活用されてきた歴史をもっている。しかし、昭和30年代の後半(1960年代)から町内に上水道施設が普及するにつれ、洗濯機、風呂、トイレなどの文化的用具が増加し、水を多量に使い排水するという生活が進んだことで、伝統的な水路網とその環境も悪化し、町の人々は、水路の水を積極的には利用しなくなった。

図1は、町内の水路網と水洗化の状況を示したもので、暗

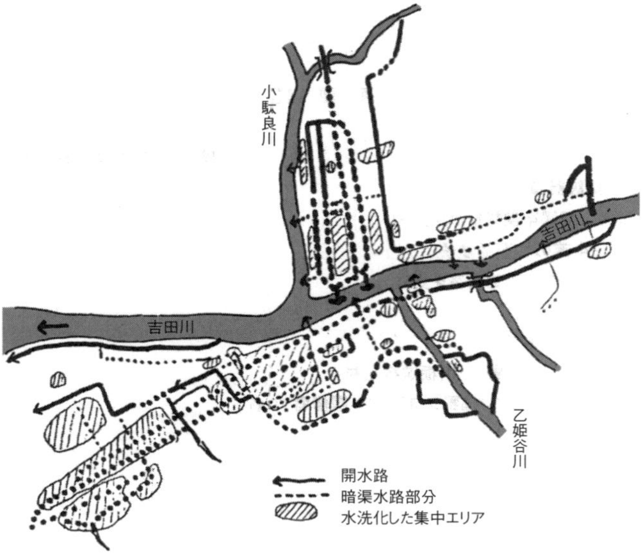

図1　八幡町の水路網と水洗化したエリア
（1985年頃）

渠化された水路の近くで、水洗便所となったエリアが集中していることがわかる。

人の心理として「くさいものには、フタをする」という意識が働くと思われるが、八幡町の場合は、フタをしたので気にせず汚れたものを流すという生活様式が見られるようになったのである。

筆者らが水路環境の調査を行った当時(1975)では、伝統的な水利用形態を保っているところは、柳町用水の上流部、北町用水の鍛冶屋町・職人町エリア、島谷用水の上流部(愛宕町から常磐町)、乙姫谷川の上流部となっていることがわかったのである。

水浄化対策の基本的な考え方

これまでの水路網環境の調査、水質改良の専門家へのヒアリング、長良川漁協の役員や行政関係者との協議の中で重要視されたのは、①水浄化の目標、②水浄化対策の基本的考え方であった。

1. 水路の浄化目標

市街地の水路については、水路の用・排水路区分を明確にし、用水路については、排水の流入を極力抑止し、当面、流

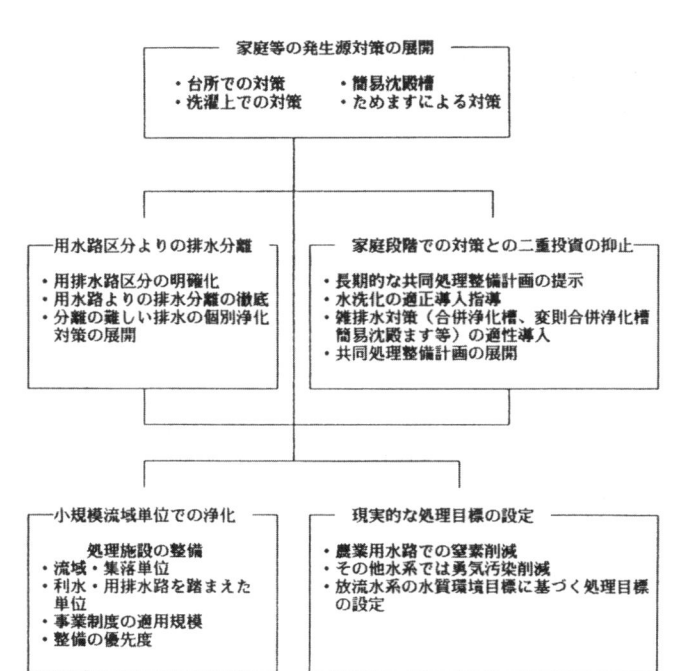

図2　水浄化対策の枠組み

入排水に対する個々の対策や排水の分量により、水路下流部でも、水洗いができ、観賞、水遊びなど水に触れることができる水質を確保することを目標とする。

大・小の河川については、郡上漁協の関係者が指摘するように、昭和40年（1965）頃までは、30種以上の川魚が棲んでいたが、現在ではこのうち11種以上が確認できないという。この原因は、川床の沈殿物、付着物であり、家庭排水が大きく影響しているという。河川の目標水質は、昭和40年頃にいた川魚（30種）の生棲環境に回復することを最終目標とし、当面は、現状以上の汚染の悪化を防止することが確認できた。

水浄化対策の基本的考え

八幡町の水浄化対策は概ね図2のような枠組みを想定し、検討資料とした。

この水浄化対策の眼目は、町がこれまで利用してきた伝統的通水システムを再活用し、地形の特性や水環境条件にも合致する「八幡方式」を見いだし、採用することを前提条件にする。

家庭を中心とする発生源対策の重視

町内の水質汚染源は主に一般家庭、旅館等の雑排水および近年普及してきている水洗便所化にともなう浄化槽排水である。これに対応することは費用効果も高いことから、台所排水対策や浄化槽整備の発生源対策を基本とする。これらの具体的対策については、詳細な取り決め事項を明記したものを作成したが、ここでは省略させていただく。

排水の集水・排除施設の整備

町内の水路網の水質を向上させるためには、発生源からの排水を効率的に用水路から分離し集排水するための集水・排水施設（排水路・排水管）を設置することである（図3）。

このため、市街地化している中で、水環境として残すべき用水路系を前もって明らかにするとともに、水路網の用水・排水区分を明確にし、この排水路を軸に、排水系の整備を図る。このシステムが整備されれば、導入を計画している流域的下水道との接合も効果的に進められると考え、初期の浄化計画に関する調査報告書をまとめ行政関係者に報告した。

図3 八幡型の集・排水処理構想

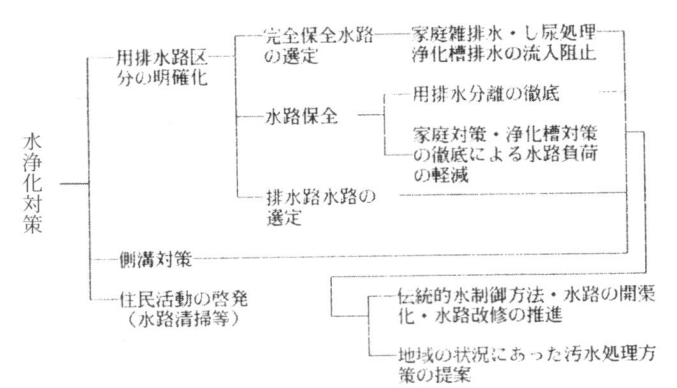

水浄化に向けた提案

八幡町にふさわしい「水浄化計画」を作り出そうと活動している頃、町役場が昭和40年代にまとめた「流域下水道計画」があることを知り、その説明を聞いた。この流域下水道計画が八幡町で実施されると、伝統的水空間の特質が失われると思った。

筆者らが具体的に提案しようとして準備していた「小規模・水系単位重視型」下水道方式と比べ、各種の問題点があることがわかった。

八幡町が計画した流域下水道方式は完成までに20年以上かかり、工費は100億円（概算）に達し、各地に点在する湧水量は減少し、昔から続いた水利用の「水縁共同体」や、豊かな水辺の風物詩も失われると考えた。そこで、このようなマイナス要因をもつ「流域下水道計画」を見直すため、次のような活動を起こした。

1. 新たな水浄化計画立案には、いろいろな立場の代表者を交えた「水浄化計画委員会」を設置し、水浄化の知恵を結集する。
2. 市街地域内の住民が、伝統的水路網の利用に関して、どんな考え・期待をもっているか、また、今後利用し続けるためには、どんな協力をしてもらえるか、アンケート調査を実施した。
3. 街の中に「水浄化モデル地区」を設置し、新技術（生態系にやさしい方式）を採用して水浄化の実績をあげ、市街地内外に理解者を増やす（この原理を八幡小学校前の水路で実験した）。
4. 水浄化に結びつくイベントの開催、ソフト面の住民協力体制の強化を図る。
5. 水浄化事業を成功させるため、専門家の知恵をいただく

図4 八幡町へ「水浄化」の専門家をまねき、提言を受けた内容が示された新聞記事

ため日本建築学会に属する研究者を八幡に招待し提言を受けた(図4参照)。

町内で「八幡型の水浄化方式」が成功すれば、各都市内の水空間活用に取り組んでいるところに好ましい情報を発信することにもなると考えた。

水浄化施設整備までの対策

早急な水浄化対応なしには、名水百選の町の再生はあり得ないと考え、町特有の水浄化システムの計画を策定する一方で、住人によって構成されている水利組合の活性化を図り、水浄化に協力する方法の確立を提言した。

町内各地には、用水路など水質維持を図るための水利組合があることに着目し、組合員の手でどんなことができるか検討していただいたところ、台所から出るゴミの分離、油類の

写真1　柳町用水路が環境整備された水路周辺の風景。台所の排水は「副水管」に入る(図5参照)

「水浄化」構想計画　099

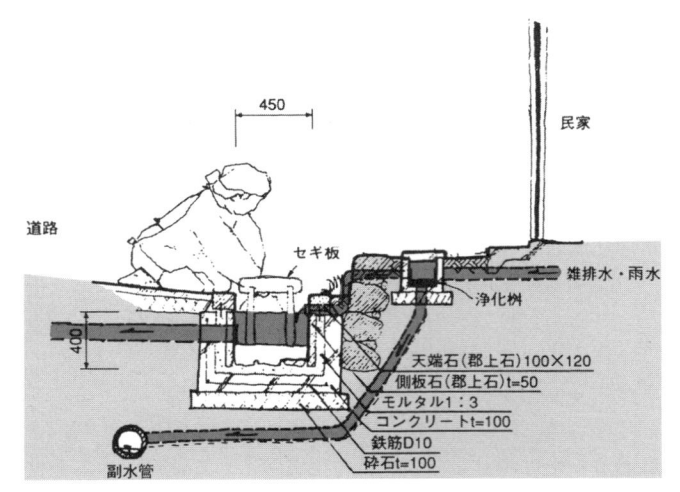

図5 柳町用水環境整備の標準断面図。伝統的な水路景観を継承しつつ、生活雑排水を用水路に入れない分流方式の整備計画図(実現している)

放出防止、洗剤の利用制限、戸別の浄化槽の改善、用・排水路の分離など、水浄化に効果のある多くの方法について、積極的な協力が得られることがアンケート調査や町内会ごとのヒアリングから確認できた。

この住人の協力は、水浄化に取り組む関係者にとって大きな励ましになったし、八幡にふさわしい水浄化方式の計画ができると期待した。

柳町の水路組合と自治会では、八幡町当局に対して水路美化のための改修工事を陳情した。町はこの陳情を受け入れ、生活雑排水と用水を完全に分離する計画を立て、3ヵ年をかけて平成3年5月にその工事を終了した。

この分離排水方式は、用水・排水路の分離区間の用水路美化は実現したが、暗渠化された排水路中の汚水は処理されないまま吉田川に入ることを考えると、臨時的対応であった。

なんとしても吉田川に流入する手前で、小規模で効率の良い水処理場をつくることを役場の関係者に求めた。

浄化した水が、吉田川へ、美しい滝となって落ちる景観美を整えることが、「水の町」としての責務であろうと語った。

旧八幡町が実施した「公共下水道」

八幡町は、町内の水空間が名水百選に入った頃から本格的に下水道処理事業の検討を開始した。

この作業の中で、筆者らが提案した「小水路型単位の水処理場」も注目され、成功事例の見学や情報収集も行った。また、柳町用水の上・中流域で用・排分離型の下水処理を実施

して、八幡町独自方式を思索してきた。

　八幡町当局は平成5年度に、「全県域下水道化構想」および「木曽川及び長良川流域別下水道整備総合計画」にもとづき、約20年後を目標として、都市計画用途地域およびこれに隣接する集落を含め一体的に整備を図るため「八幡町公共下水道計画」を策定した。これに従い下水道工事が始まり、平成12年（2000）には、第一次認可区域の整備が完了し、平成20年度（2008）には、計画事業区域全体が完了した。

　平成18年（2006）夏、街中の下水道整備が完了した街並のなかの水路を見てまわった。全体的な印象であるが、用水路の流水や湧水池の水などが少量になっていた。地元の住人の何人かに井戸水の量、質についてたずねたところ、地下水量が少なくなったと語っていた。

　下水道施設ができて1～2年と間もないので、その影響を記すことはできないが、調査当時、吉田川へ水路の汚染水が放流されていた状況は、改善されているのを眼前にして、心が清められるのを感じた。

　吉田川の水辺では、家族で水遊びをしたり、魚釣りを楽しむ人、新橋の上から水面に向けて飛び込む子供の活き活きとしていた姿が印象深かった。

4.5
水空間を核にした「ポケットパーク計画」

計画の背景

　四方を山地に囲まれた高密な市街地の中には、これまで計画的につくられた広場や公園の数が少ないことが、住人や役場、建設課の関係者の間で、よく話題になっていた。

　公共スペースのことに関しては、「生活形態のしくみ」という視点から、筆者らは独自に調査してきた。

　祭事、行事、近隣のコミュニケーション、子供たちの遊びなどが行われる場所は、どこが多いか、調べたのである。これによると、山地、河川、用水路、カワドの周辺、神社、寺院の境内地などが主に利用されていることがわかった。

湧水池、谷戸川、河川、用水路などの水辺空間は、小さいながらも小広場的に利用されており、日常的に井戸端会議が何気なく繰り広げられてきた。また、郡上おどりは、道路を通行止めにして永年続けられてきた。
　しかし近年になり、生活様式の変化、車などの都市なみの施設の増加、水空間の汚染、観光人口の増加などによって、街の中で急激に都市化が進んでいることなどの状況を考え、まとまりのある広場、公園、街中を安心して歩ける散歩道などを創設することは、町の人たちの多くが希望するものであった。

公共空間調査からの提案

　町の建設課の関係者や「さつきの会」の役員から、「町で不足している広場、公園、散歩道などの公共空間と町の景観整備を同時に満足するような『計画』を示してくれないか」という相談を筆者らが受けたのは、昭和58年(1983)夏の頃だった。
　この課題にどう取り組むかを、調査班の人たちと検討し、次のような構想を示した。
1. この整備事業化を契機に町の活性化を図る。
2. 町の「歴史・文化性」「郡上おどり」「町内の清流空間」の三つの要素がもつ効用を最大限に活用する。
3. 公共空間の立案、計画、デザイン、施工、管理まで一貫した住民参加方式を採用する。
4. 公共空間の創設事業の内容を理解しやすくするための説明会を町内会ごとに開く。そのとき、「ポケットパーク」とはどんな空間か、絵を描いて解説し、構想の拡大を図る。
5. 事業の推進は町役場があたり、「ポケットパーク委員会」を結成し、住民と筆者らと合同で調査、検討、計画を行う。計画ができたら住民説明会を行い、計画の密度を高める。
　以上の項目が受け入れられ、事業化に向けた活動が街の中で始まった。
　この計画案がまとまりつつあるとき、八幡が「名水百選」に入ったとのニュースが入り、委員の人たちは歓迎しつつも、これらの案でよいか、議論はあったが、ポケットパークづくりへの意欲はいっそう高まった。

水空間を活用したポケットパーク計画と住民参加

　城下町として形成された商家、民家が密集する市街地の中

から数百平方メートル程度のまとまりのある公園、広場の候補地を数カ所見いだす調査を行ったが、候補地はなかった。このような状況の中で発想したのは、「ポケットパーク」という概念であった。

この概念は、ニューヨーク・マンハッタンの高層街区の中で公共スペースをつくり出すために考え出された方法で、これは、ヒューマンスケールの空間をもち、人々が自由に憩い、歓談し、行事ができる広場づくりをイメージして名づけられたものである。

筆者らは、この概念をヒントにして、八幡の特性を見いだし、新たな機能を取り込む方法を考えた。

「ポケットパーク」という言葉には、人のぬくもり、人情といった人間味のあるイメージが内包されることに、まずこだわった。そして街の中に誕生する「ポケットパーク」の核になるものは「水空間」であった。

計画対象面積は小空間であっても、まとまりのある広場に匹敵する濃密な水空間を核にし、この空間構成に日本庭園などに見られる「借景」という手法を計画デザインのコンセプトに掲げた。

街の中には大小の河川空間や、湧水、用水路などの水路網がはりめぐらされており、街全体が、ある種の公園的環境資源をもっていることにも着目したのである。

これらの空間は、点から線、面そして時間へと広がりをもった水空間に結合させ、広がりのある眺望を各ポケットパークが獲得すれば、計画対象地は20〜50平方メートル程度の小さな用地であっても、「借景」領域を加えれば何十倍もの広さがあるように実感できるのである。

ポケットパークの造形デザイン

八幡がつくるポケットパークは、歴史軸（時間軸）の表現を重視した。八幡の歴史的事物は、現存する水空間に接近して存在し、視点を変えれば「環境の宝物」とみなすことができると考えた。これらをデザインエレメントにして取り込むため、水と人、人と人の「水縁」関係が生まれるような手法を用いることを想定した。デザインする人は代わっても、この手法を応用すれば、八幡の歴史的空間に調和すると考えたのである。

たとえ10平方メートル程度の小さな敷地であっても、水と歴史と踊りに「縁」のある空間となれば、八幡の風土に溶

ポケットパークづくりの「基本的条件」(渡部一二著、『水路の親水空間計画とデザイン』技報堂出版より)

① 「環境の宝物」との関係性を重視した空間と仕組みを採用する．
② 地域特性の顕現化をテーマとする．
③ 生物（魚，昆虫，鳥，小動物，水生植物など）環境への配慮を重視する．
④ 歴史的景観の保全，継承の仕組みを用意し，計画的配慮を施す．
⑤ 住民（女性，児童を含む）の積極的な参加方法を用意する．
⑥ 水が媒介となる行為形態（水路の多面利用項目）を増設する．
⑦ 地場産業，名産品，観光資源を紹介する空間を形態化する．
⑧ 地域に産出した素材（博物空間として造形する），工法，技術の伝承を図る．
⑨ つくり出された「親水空間」が地域に調和し，維持管理がうまくいく仕組みと工費の効果を計画的に織り込む．

け込みつつ、その機能美を発揮できる（ポケットパークづくりの「基本的条件」参照）。

たとえば、その空間に町の人たちの手で材料を選び出し、つくり出されたベンチ、水屋、街灯、サイン、盆栽などがセットされれば、「ポケットパーク」として町の人から親しまれるものとなる。これを八幡のポケットパークづくりの原型としたのである。

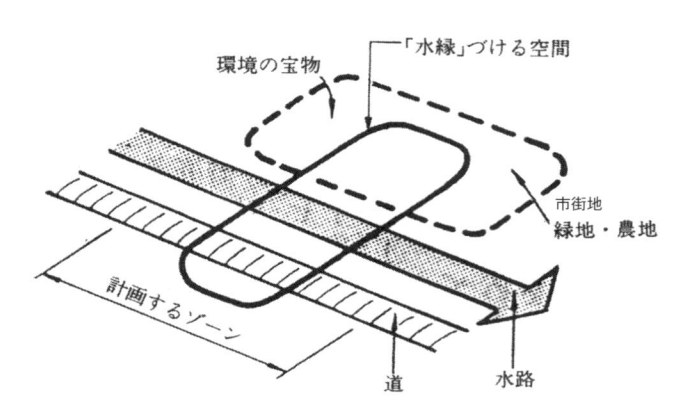

図1　水路を媒介として「環境の宝物」（歴史的環境を含む）と水縁が発生するポケットパークデザインの手法

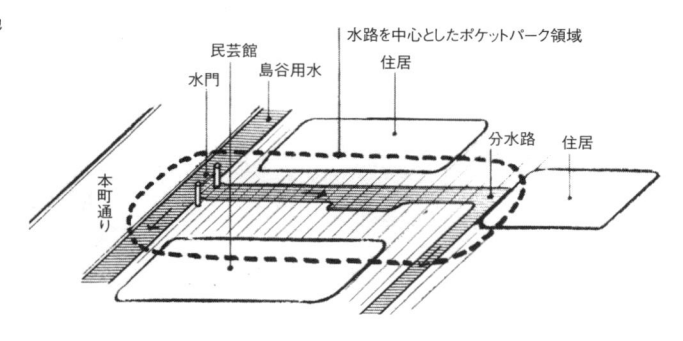

図2 本町通りに接する「ポケットパーク」候補地
（稲荷町）のデザインコンセプト図

　当初のポケットパークの数は、現存する共同洗い場の数、町内会の数、借景の良好な場所の数、歴史的物語をもっている場所数などから、およそ30カ所程度を計画目標にした。
　その他に川辺の散歩道計画のための候補地を探し、計画候補地として、吉田川左岸の宮ヶ瀬橋下の堤に沿うルートや、島谷用水路沿いの散歩路を計画対象として検討を重ねた。

回廊状に配置したポケットパーク計画手法

　街の中でおよそ30カ所のポケットパーク計画地が得られれば、これらの空間は、各地区の独自性をもたせながらも、河川、水路、カワド（共同洗い場）、そして散歩道などと、空間的に連結し、街の中を「ネックレス状（回廊）の広場」として包む方法が実現すると考えた。
　これらのポケットパークは、まず近隣の人たちが喜んで日々の生活で利用したり、地元の情報交換の場、地場産業の紹介の場、観光客の休憩場、歴史探訪や観賞の場、そして親水体験の場など、多彩な体験を楽しむ、小広場が街の中に点在していることを完成イメージとしてきた。
　この造形コンセプトにもとづき、各地区の計画対象ごとに原案づくりを行った。そして、ほぼ町の人が合意した案を作図化した（図3-1～6）。
　これらを原案として実施のための検討が行われた。この時点で筆者が提案したのは、「地元の人たちの手でつくる」というものであった。素材の選定も「郡上郡に産出するもの」にこだわることを提案し、採用された。
　計画初期のポケットパーク候補地は、図4のように街中に分散している。
　その後、これらの計画は、設計図が描かれ、事業化が進展し、平成5～7年頃には30カ所ほどが完成した（5章で完成したものを紹介する）。

図3-1　二十二番所「長敬寺前」／完成イメージの絵図

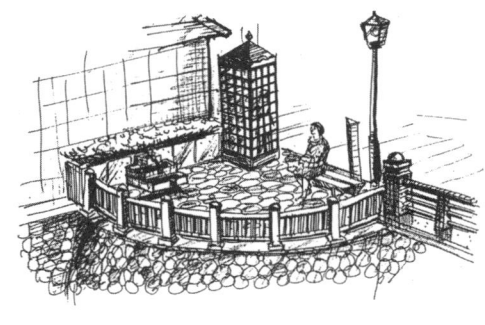

図3-2　二十番所「宮ヶ瀬橋テラス」／完成イメージの絵図

図3-3　八番所「稲荷町」／水が奏でるオルゴールのメロディ・完成イメージの絵図

図3-4　二十四番所「殿町資料館前」／水時計の小屋・完成イメージの絵図

図3-5　十二番所「役場前」／水力発電の小屋・完成イメージの絵図

図3-6　十九番所「新橋の橋詰め」／完成イメージの絵図

　ポケットパークの構想提案から、およそ十数年が経過した。その間、各地区で徐々に作り出されたものを見て、いろいろと話題になった。住人がポケットパークの水辺のほとりで親しむ姿を見たり、改装された洗い場が利用されるようになると、「追加してこの場所にもつくってほしい」など申し出るところも出てきた。また、施工が始まるものには新しい

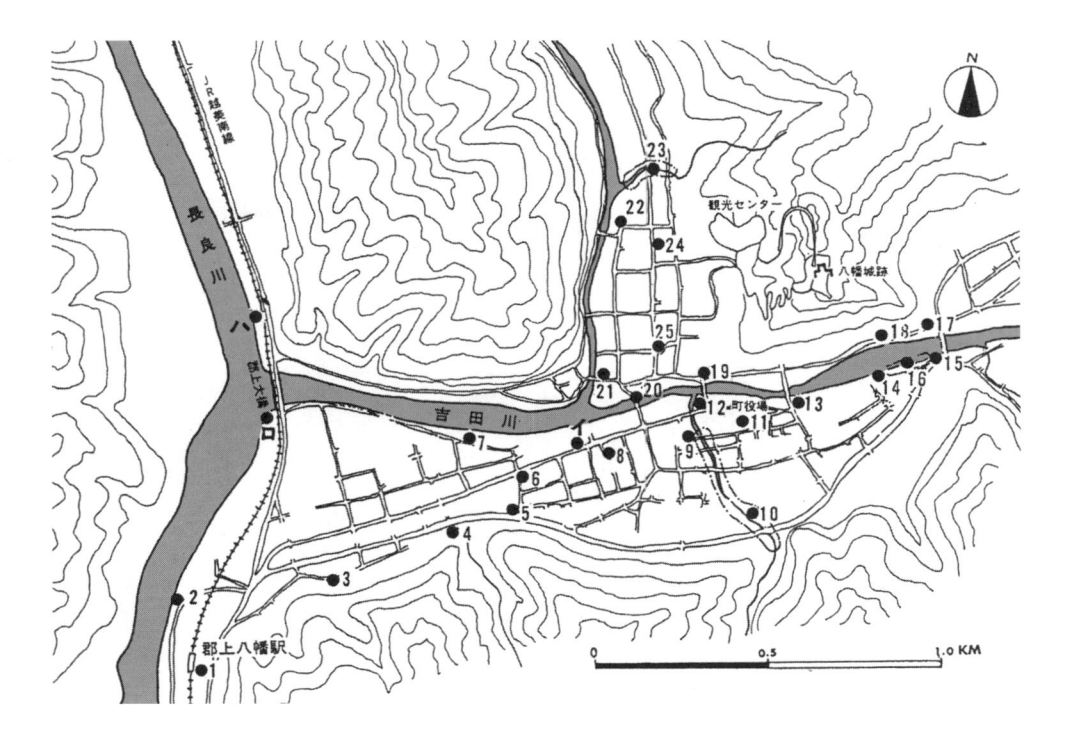

図4 初期の「ポケットパーク」計画の候補地。ポケットパーク計画の番号リスト。◎印は、紙面に紹介している「完成イメージ絵図」

1. 郡上八幡駅前
2. 城南会館横
3. 八軒町水屋
4. 上桝形三角地
5. 上桝形地蔵前
6. 栄町消防署前
7. 今町堤防
8. 稲荷町◎
9. 左京町
10. 乙姫川一帯
11. 島谷用水一帯
12. 役場前
13. 八幡小学校横
14. 愛宕町水屋
15. 島谷用水取水口
16. 吉田町愛宕町遊歩道
17. 小野水神
18. 八幡神社
19. 新橋橋詰め
20. 宮ヶ瀬橋テラス◎
21. 宗祇水
22. 長敬寺前◎
23. 惣門橋
24. 殿町資料館前（博覧館）◎
25. 下殿町おしの祠
イ. 八幡信用金庫
ロ. 大正町河川合流点
ハ. 五町堤防

工夫や知恵がそそがれていった。そこに八幡の人々の町づくりの情熱が形となって現われたのである。

　早くから完成したものは10〜15年経つと、その一部が傷んだり、当初予定した利用行為が少なくなったりしたものが出てきたので、改良しているものもある。

　また新たに追加したものや、規模を拡幅したポケットパークも出てきた。

水の力を引き出した「水の町」

　街の中に出来上がってくるポケットパークの姿を見て最も心配したことは、八幡がもっている歴史・文化性、水利用にまつわる知恵、水管理の組織（まとめて言えば「環境資源」という）などが結合した「景観」に、どのように調和させるか、ということであった。新たに作られたポケットパークの中には、大胆な造形で人の目を引くようなものも出てきた。筆者が心配していた「街並の伝統的空間にそぐわない」ものが町の文人たちに見られ、「よくない」「作り直してほしい」などの辛口の意見もあった。

　これらの意見、助言、賛同の声は、自分たちの手で町づくりをしているのだという思いから出されたものだと受け止め

水空間を核にした「ポケットパーク計画」　107

てきた。
　ポケットパークづくりが水縁となり、人々の思いが結集して、八幡の町の、水の力を活用して、水の恵みを受ける町づくりは、再生へ動いている。

写真1　湧き水のほとりでおこなわれる茶会の風景――宗祇水（ポケットパーク第一号となる）

5章

「水の力」を活用する「ポケットパーク」づくり

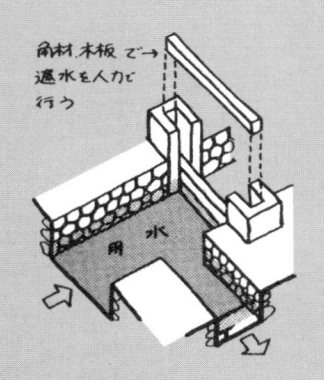

5.1 「ポケットパーク」づくりの背景

　八幡町内にある「宗祇水」と周辺の水空間が、「名水百選」に入ったことが契機となり、町内各地にある歴史をもつ水路網とその空間が保有している価値を見いだす町づくりの諸活動が始まったのは、昭和60年(1985)頃であった(詳細は第4章に記している)。

　そこで着手したのは、歴史的水空間を多面的に活用するための指標となる「マスタープランの策定」であった。この策定業務には、これまで数年がかりで水環境調査をしてきた成果が役に立った。これらの成果の大半が「マスタープラン策定」の基礎的資料として活用された。

　「マスタープラン」の実施項目のひとつに「水空間を活用したポケットパーク」の基本計画があり、その方向性が示されたものであった。

　「ポケットパーク」づくりの要件は、市街地内の歴史的水空間(河川・水路・湧水池。これらを要約して水路網と呼ぶこともある)に近接し、交通の妨げにならない公的空間があり、水利組合員の協力が得られるかどうか、であった。

　住民参加による「ポケットパーク委員会」を構成し、各町や関係者から出されたアイデアスケッチなどを手がかりにして、基本設計図をまとめた。

　そのうえで予算の確保、施工者の決定、施設管理の協力体制などが明確になったものから順次着工されていった。

　ポケットパークづくりの初期の段階で創出されたものをあげると、

1. 八幡小学校横(十三番所、名水百選シンポジウム開催会場所前、水車小屋)
2. 「宗祇水」(二十一番、名水百選に入った宗祇水の空間全体の修景)
3. 八幡信用金庫前(二十六番)
4. 旧役場前(十二番、広場と水舟)

　これら初期につくり出されたものは、八幡町の伝統的水空間に調和しながら新しい機能と修景デザインの表現に力を注いだものになった。これらは町民の期待に応えられるものでなければならなかったし、観光資源としても活用できる旗印になる必要があった。

写真1　街並に溶け込んでいる「ミニ・ポケットパーク」。ポケットパーク形成の要素を多分に取り込んでいる

　また、筆者らが提唱してきた「伝統的水空間」を体感する野外博物館として機能する場がポケットパークになる、というものであった。
　つくり出された各地の水をテーマにしたポケットパークは、町民の方々や行政関係者から好評を得ることができ、それらが町の内外で話題になり、新聞、テレビなどによって広く紹介され、「水の町・八幡」として知られるようになった。
　町づくりとしてユニークな試み、ということも加わって、各種のポケットパークを体感する観光ツアーを招き入れたり、日本各地の自治体の水空間づくり関係者の見学会として、町を訪れる団体が多くなった。

5.2
水の恵みを引き出すポケットパーク

　初期のポケットパークづくりを第一期とすれば、およそ四期まで続き、平成16年（2004）頃には、図1に示したようなところ（34ヵ所。この中に吉田川、乙姫川、島谷用水路、流水空間沿いの散歩道など線状施設が入っている）につくり出された。
　「ポケットパーク計画案」として基本設計図で示した場所のほとんどで、整備事業は完成をみた。
　紙面には、これらの中で町内の伝統的水空間の特長がよく出ているものを選び、紹介している。
　ポケットパークの完成した写真は、昭和58年（1983）～平成19年（2007）頃までに撮影したものであり、撮影年が混在している。初期のものは、それがつくり出される以前の景観を伝えたいと考え掲載したものである。
　近年（平成17、8年頃）になり八幡を訪れ、つくり出されたポケットパークで休憩しながら歩き回っているとき、目を引くのは、これまで計画対象となっていない流水空間に個人住宅前の縁側部分に水を引き込み小池をつくり、そばにベンチ、盆栽を配列した「ミニ・ポケットパーク」を自前でデザインしてつくり出しているのである。これが街並筋に、あちこちとつくられている。
　この中のひとつに置かれているベンチに腰かけてひと息入れると、街並の中に溶け込んで安らかになってゆくのを感じた。このミニ・ポケットパークをつくり出した家人の「もてなしの心」が伝わってくるのを覚えた。
　ポケットパークづくりの構想を公表したのは昭和56年（1981）頃だったと記憶している。その後、筆者らの友人（デザイナーなど）や、大学生の参加によって調査・計画を進めた。また、その間、町内のさつきの会会員、町内会会員の方々にも案の検討をしていただき、原案がまとまったのは数年後のことであった。
　早く完成したものは二十数年が経過しているため、改良が加えられたり、利用目的が変わったため写真と異なる空間に出合うことがあるかもしれない。
　街のなかの水辺空間は、人々とともに生きているということを実感させられてきた。

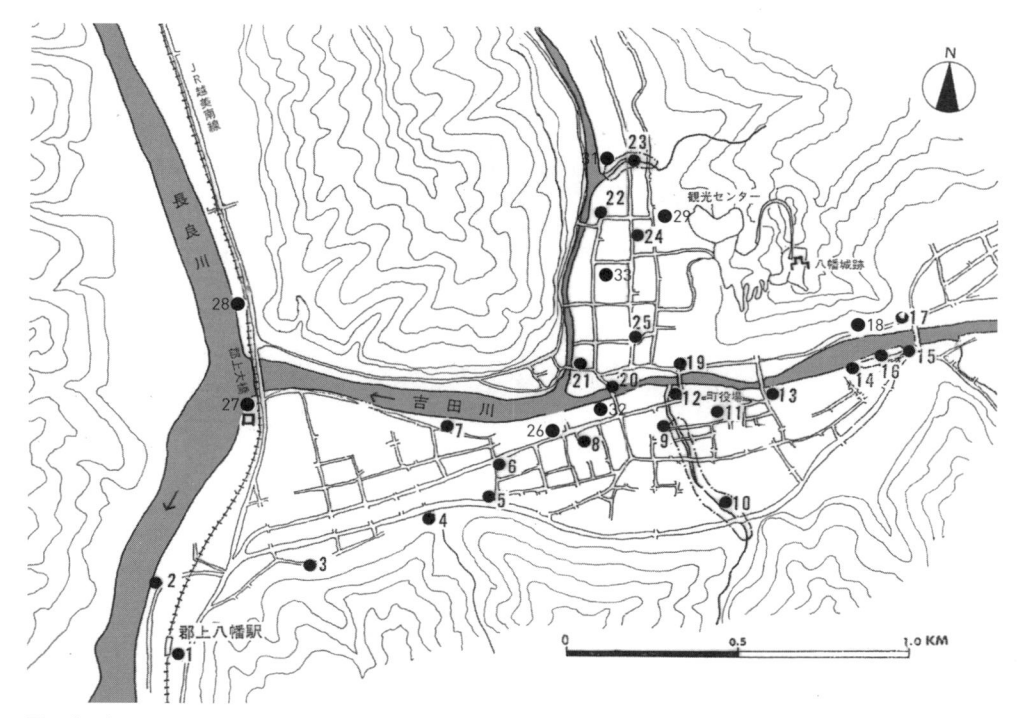

図1 街の中につくられたポケットパークと遊歩路の案内図。ポケットパークと遊歩路の番号と名称。*印は紙面に写真・図で紹介したもの

1.郡上八幡駅前　　　　　2.城南会館横　　　　　3.八軒町水屋　　　　　4.上桝形三角地　　　　5.上桝形地蔵前
6.栄町消防署前　　　　　7.今町堤防　　　　　　8.稲荷町*　　　　　　9.左京町　　　　　　　10.乙姫川一帯*
11.島谷用水・いかわの小路*　12.役場前(元)*　　　13.八幡小学校横・水車*　14.愛宕町カワド*　　　15.島谷用水取水口
16.吉田川愛宕町遊歩道*　　17.小野水神*　　　　　18.八幡神社　　　　　　19.新橋橋詰め　　　　　20.宮ヶ瀬橋テラス
21.宗祇水*　　　　　　　22.長敬寺前*　　　　　23.惣門橋*　　　　　　24.殿町資料館前(博覧館)　25.下殿町およしの祠
26.八幡信用金庫前　　　　27.大正町河川合流点　　28.五町堤防　　　　　　29.安養寺西*　　　　　　30.柳町、街並*
31.初音川水辺*　　　　　32.吉田川下遊歩路*　　33.大手町*　　　　　　34.中河原の歌碑*

　このような状況の中で、本紙面には、約半数のポケットパークの様子を紹介させていただいた。
　ここに紹介するポケットパークは、全体の中で、歴史性、文化性を色濃くとどめている環境と「縁」づけている空間である(つくられたポケットパークの全体の配置は、1節の図1を参照)。

二十二番 長敬寺前

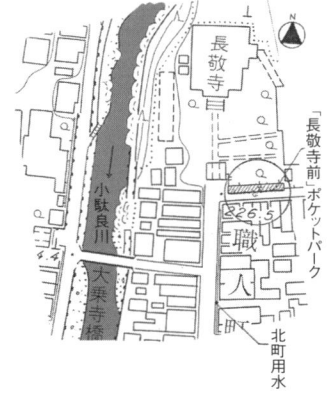

完成したポケットパーク。近所の人達がなにげなく集まって談笑したり、訪問者が休憩する。小さいながらもゆとりのある水辺空間となった(1993年頃)

「長敬寺前」ポケットパークの案内図

「長敬寺前」のポケットパーク候補地。水路が曲折し道路が広がっている空間で、洗い場として利用されている(1974年頃)

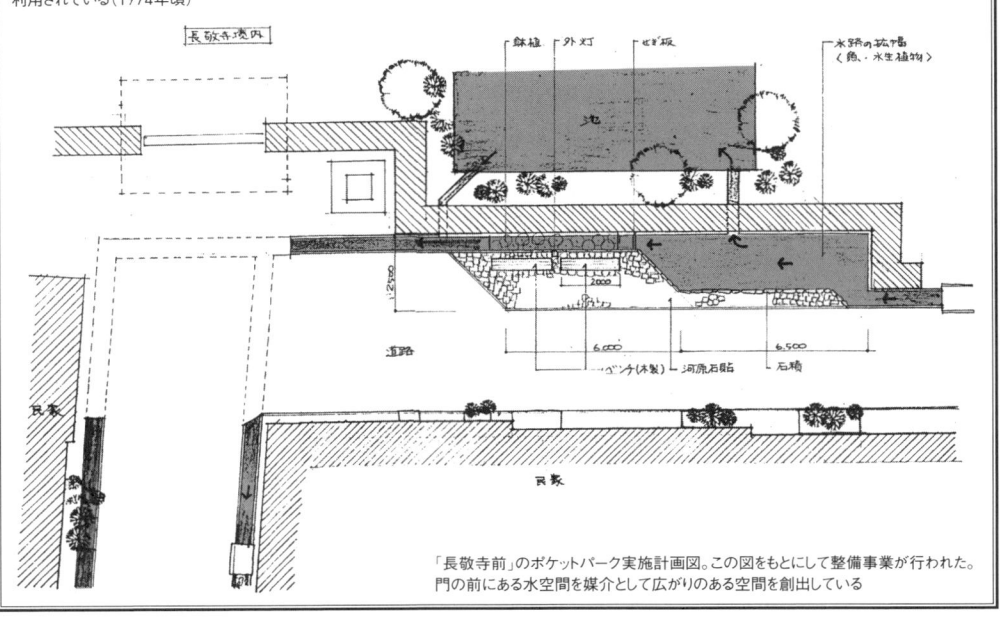

「長敬寺前」のポケットパーク実施計画図。この図をもとにして整備事業が行われた。門の前にある水空間を媒介として広がりのある空間を創出している

十四番 愛宕町カワド

愛宕町のポケットパーク計画予定地（1980年頃）。ここは、流水面の上・下が自由にできないという不便さがあった。これを解決する必要があった

愛宕町のポケットパークが完成した様子。島谷用水には鯉の群れが多く見られるようになった。計画当時、伝統的水路には、鯉は合わないという論議があった

島谷用水路に近接している洗い場（カワド）の全景。その背景には吉田川が見える

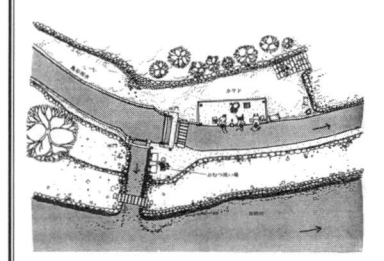

調査当時（1980年）の愛宕町のカワド平面図

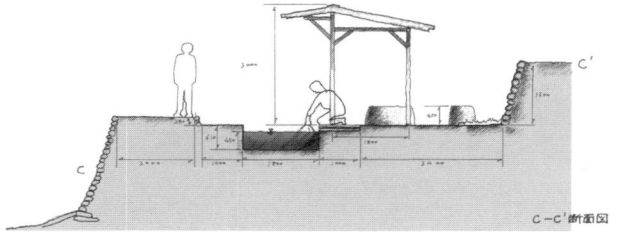

愛宕町カワドがポケットパークとして完成した断面図

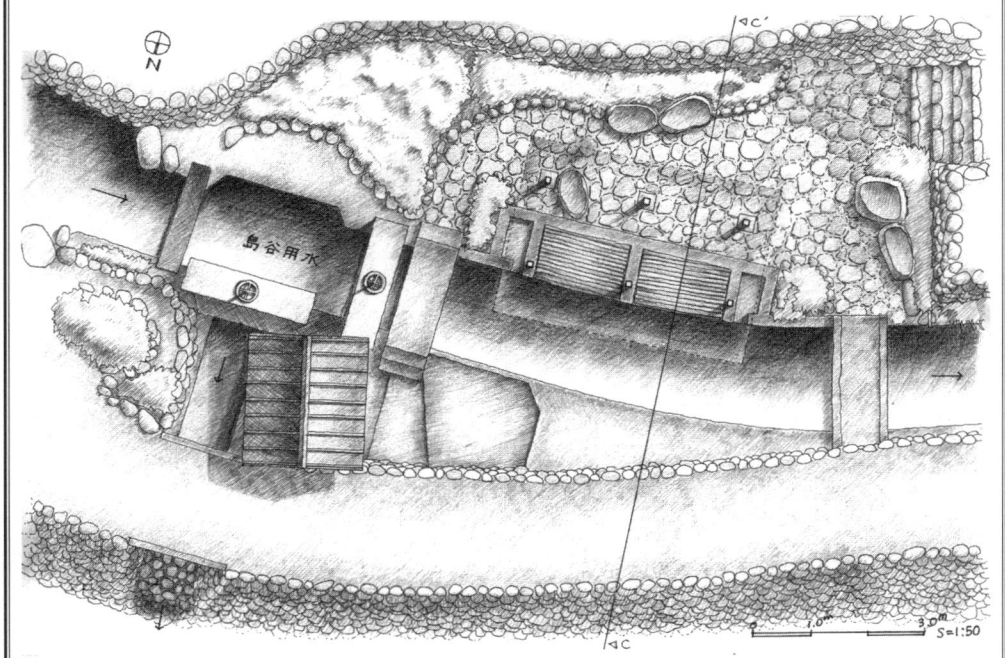

愛宕町のカワドがポケットパークとして再生した平面図（完成したところを書き取ったもの）（2006年頃）

水の恵みを引き出すポケットパーク

二十一番 宗祇水

「ポケットパーク」として再生された「宗祇水」の様子

「宗祇水」のたたずまい（1975年頃）

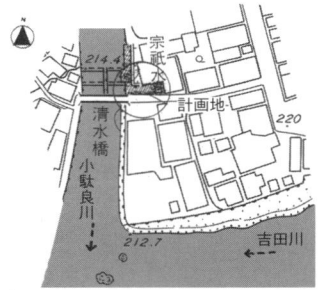

「宗祇水」の位置を示す「案内図」

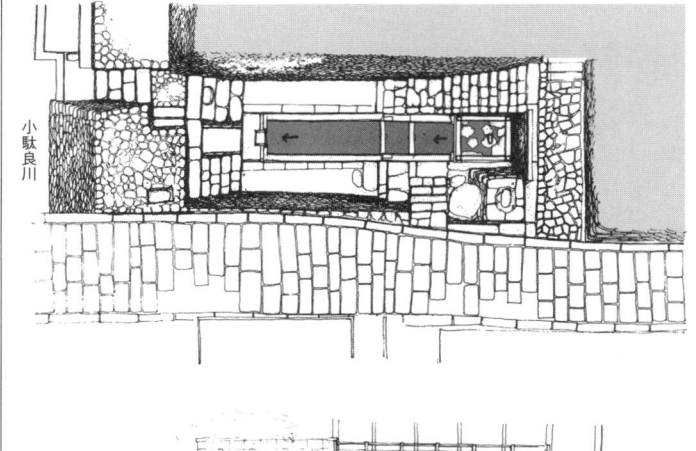

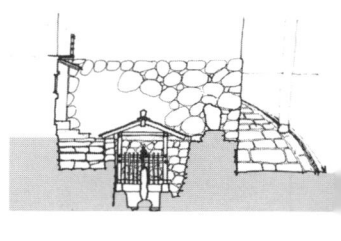

「宗祇水」の空間（1975年比

「宗祇水」の水神祭の様子（1975年頃）。「宗祇水」は「白雲水」とも呼ばれ親しまれている。郡上おどりの期間の中で最もはなやかな日となる。中央に湧水が出ている

名水百選に入った「宗祇水」の湧水周辺の風景。左手が清水橋、その下を小駄良川が流れている

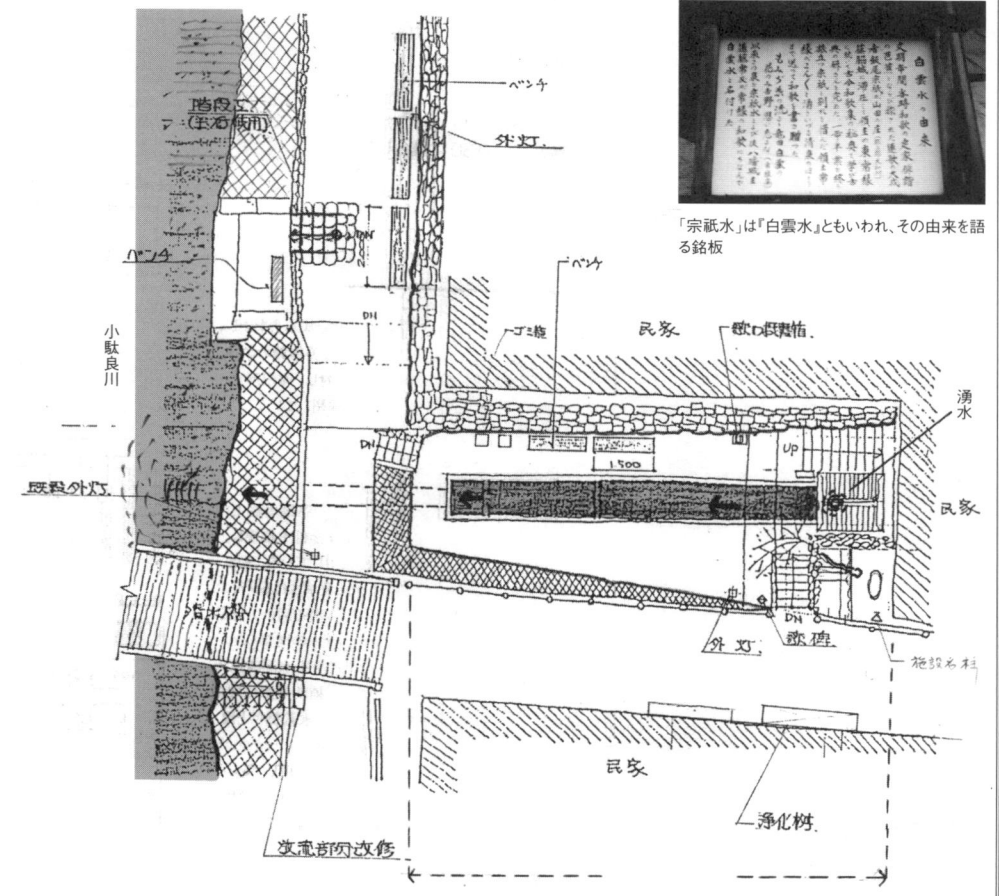

「宗祇水」は『白雲水』ともいわれ、その由来を語る銘板

「宗祇水」をポケットパークとして修景デザインしたイメージ図。デザインの基本条件としたものは、伝統的空間美を継承し、その領域の中でポケットパークの機能性を造形化することであった

水の恵みを引き出すポケットパーク　117

十一番 島谷用水・「いかわの小径」

水辺の散歩道として活用し、併せて、古くなった「共同洗い場」の改装を図ることがデザインの要件であった(1983年頃)

改装された「共同洗い場」のひとつ。水面すれすれに設けられた床場が見える。この造形で百数十年間、水利用が行われた

水辺は八幡らしい伝統美を継承することを修景デザインのコンセプトにしている。この道の一端には、ギャラリー空間を取り込んでいる。水面に接した出入りが見える

散歩道の呼び名は、「いかわの小径」として、島谷用水空間は復活した

八番 稲荷町

八幡におけるポケットパークの概念を受け継ぎ、若手のデザイナーによってコンセプトが提案され、完成したもの

「稲荷町」ポケットパーク計画の予定地。中央に見えるのが水舟、その下を流れるのが島谷用水の分水路(1983年頃)

新町で島谷用水が分水された水路上部に設けられた水舟

水の恵みを引き出すポケットパーク　119

三十番　柳町・街並の水路

用水路の水浄化が進んだことで、軒下空間は多目的に利用され、活気に満ちている。「水縁空間」の一事例

柳町用水路と軒下空間の活用コンセプトに、「水縁空間」をデザインする手法を考え出したところ。少年の横にいるのが筆者

環境整備されたあとの自家用の「洗い場」

柳町用水が通る「上柳町」通りの風景(1976年頃)

「せぎ板」横に雨水排水パイプが見える。雨水や家庭排水が用水に入らない方法を考え、道路地中に排水管を埋める計画を検討する

柳町通り(用水空間)の環境整備が完成した頃の軒下空間。排水は道路下に埋設された「排水管」に接続された。これによって柳町用水の美化が進んだ。水路の美化と軒下空間は住民の協力があって成り立っている

十番 乙姫谷川一帯

乙姫谷川上流のポケットパーク計画地。水質悪化の改善を図ったが、豪雨時の増水の影響を受けるという難点があった。共同洗い場としての利用者は多い

乙姫谷川の「共同洗い場」の風景。手前にせぎ板が立てられ、街中に水が引き込まれる造形が見られる(1980年頃)

完成した「乙姫谷川ポケットパーク」。水面の水調節は、洗い場下流部にある「せぎ板」を使う。雨天時でも清く広く利用できる空間の確保がテーマとなった

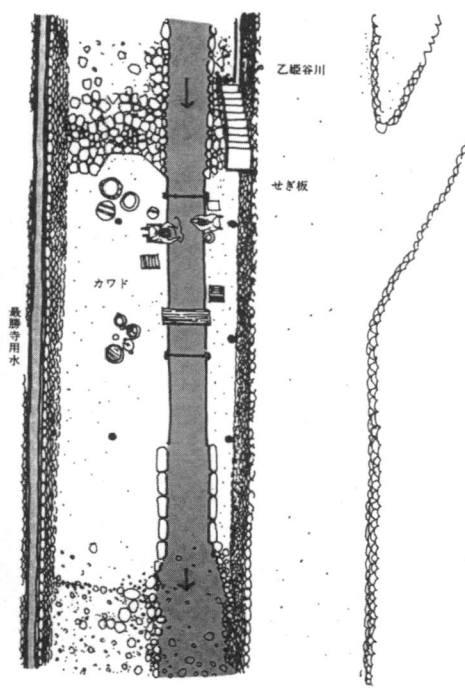

乙姫谷川共同カワドの断面図、平面図(縮尺は略す)

水の恵みを引き出すポケットパーク　121

十三番 八幡小学校横・水車

屋台(やぐら)のまわりで木製の人形が郡上おどりを舞うイメージが伝わってくる(背面には水車の輪が見える)

八幡小学校前の水車ポケットパークで憩う、名水百選シンポジウムに参加した人々。その背景で水音が静かにもてなしている(1985年)

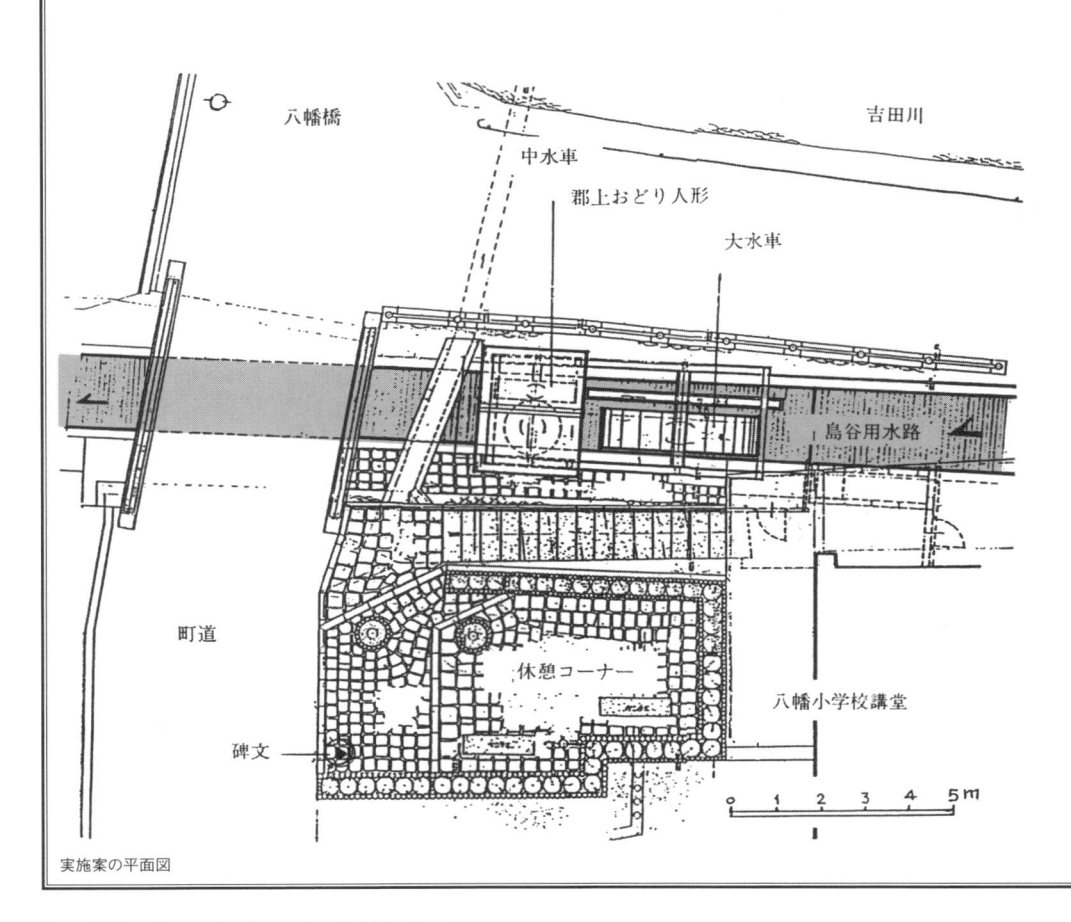

実施案の平面図

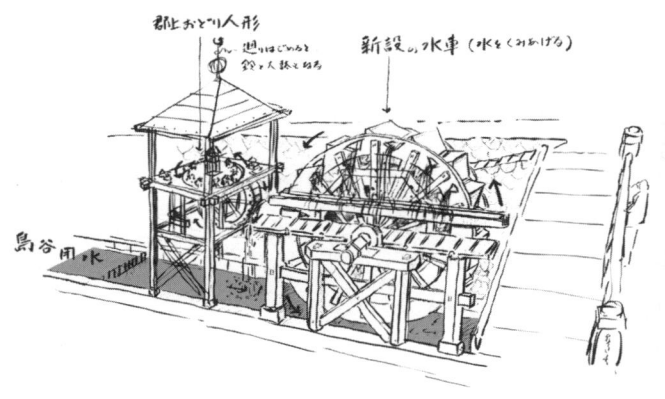

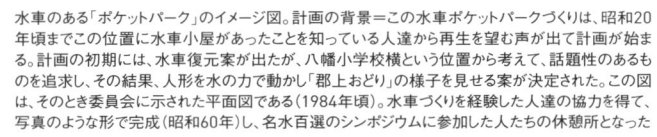

水車のある「ポケットパーク」のイメージ図。計画の背景＝この水車ポケットパークづくりは、昭和20年頃までこの位置に水車小屋があったことを知っている人達から再生を望む声が出て計画が始まる。計画の初期には、水車復元案が出たが、八幡小学校横という位置から考えて、話題性のあるものを追求し、その結果、人形を水の力で動かし「郡上おどり」の様子を見せる案が決定された。この図は、そのとき委員会に示された平面図である（1984年頃）。水車づくりを経験した人達の協力を得て、写真のような形で完成（昭和60年）し、名水百選のシンポジウムに参加した人たちの休憩所となった

完成した水車ポケットパーク（手前が島谷用水路）（1985年）

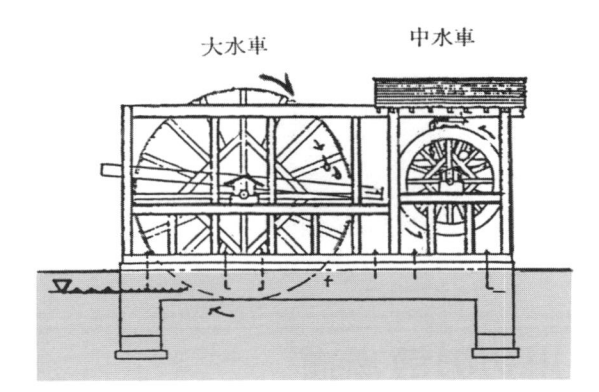

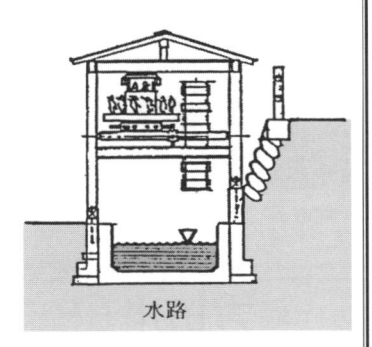

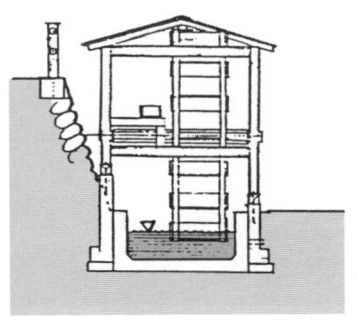

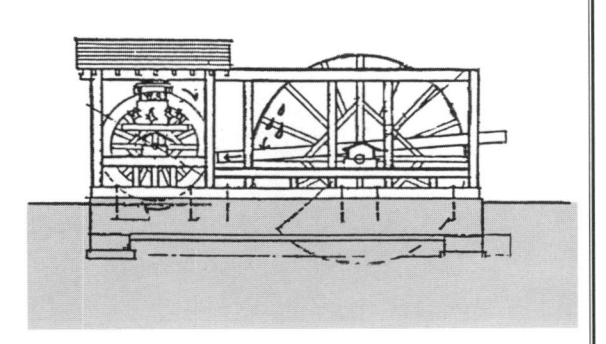

実施案の立面、断面図

水の恵みを引き出すポケットパーク　123

十六番　吉田川・愛宕町散歩道

吉田川本流は水流が速いため、小学生達は、安全な島谷用水路に作られたポケットパークの水辺で遊ぶ

「吉田川・愛宕町遊歩道」。吉田川左岸と島谷用水の間にある空間を遊歩道として活用するデザインが求められた

二十三番　惣門橋橋詰

「惣門橋橋詰」のポケットパーク。初音谷川の景色を体感できるベンチの配置。借景を取り込んだデザイン

惣門橋橋詰のたもとに立てられた「郡上おどり」の歌碑

三十二番　吉田川（上・下流）川辺の散歩道

「吉田川上流部の遊歩道」。河川敷内にある岩の造形美や水辺空間を体感しながら散歩を楽しむデザインが求められた

「吉田川下遊歩道」。護岸の中断を散歩路として活用したデザイン。吉田川の風景美を見ながら散歩する「いやし空間」の創出がテーマとなっている

三十一番 初音川水辺

「初音谷川水辺」筋の河川空間のデザイン。デザインに求められたものは、洪水による河床、護岸の崩落（破壊）を守るとともに、親水空間として活用できるようにすることであった

二十九番 安養寺西・ボットリと水屋

「安養寺西」のポケットパーク。「ボットリ小屋」の再現。広いベンチの上で水音を聞きながら憩う

「安養寺西」のポケットパーク。大木をくり抜いた水舟が目を楽しませてくれる。「水と木」の造形美を表現している

水の恵みを引き出すポケットパーク

十七番　小野水神

「小野水神(一本杉)」ポケットパーク。聖なる雰囲気が漂う。デザインは施さず補修にとどめる。清掃しやすいように手を加えた

十二番　役場前(元)広場

元「役場前」のポケットパーク。大きな水舟で来客を招き寄せる

三十三番　大手町案内所

「大手町案内所」。案内板とベンチで構成されたポケットパーク

三十四番　中河原(歌碑)

「中河原(歌碑)」。吉田川と小駄良川が合流しているところに作られたポケットパーク

6章

「水の恵みを受ける まちづくり」の課題

近年（平成15〜17年、2003〜2005）になって、ポケットパーク整備事業、下水道事業など完了したものについて、住人や管理者の方から「木造の部分の腐食が進んでいる」「木やコンクリートに亀裂がある」「掃除などの管理が行われていない」「汚水が水路に入る」などが指摘されているということを役所の担当者からうかがい、相談を受けた。

　この状況は「水の町」づくりにとって、そのままにしてはおけないと考えた。行政の方でもこの現状を把握したいと考えておられたので、「現状調査」を平成17年度に実施することになり、そのメンバーとして、早稲田大学・佐々木葉氏、岐阜大学・田中尚人氏、筆者による3つの調査グループが編成され、2ヵ年にわたって調査がおこなわれた。

　八幡町が、名水百選に入り町内の水空間を保全、活用する計画を立て、事業化し、水浄化施策を推進しておよそ20年が過ぎている。この間、「水空間を活用したマスタープラン」に盛り込まれた各種の整備事業が実施され完成しているが、利用者や管理者から、ここに記しているような、施設に関する指摘が出ている。

　その他、住民のライフスタイルに関する水空間の変化なども予想されるため、時代のニーズを予見した水空間づくりの方策を立てる手がかりを得るための調査が実施された。その成果は「水辺空間調査報告書」（平成17年度）にとりまとめている。

　その成果の概要を以下に記す。

1. 町が名水百選に入ったことや、水をテーマとした町づくり活動が契機となって、昔から利用してきた水舟、井戸、カワドなどを日常の生活空間に引き寄せ工夫し、再利用が始まったところも多く見られる。
2. 河川や水路沿いの遊歩道の創設や改修によって、伝統的空間に現代的な付加価値が与えられ、住民や観光客にもその魅力が意識されやすくなった。
3. ポケットパークの中には、つくられた造形物が消失しているもの、老朽化が進んでいるもの、改修が必要なものもある。
4. 水質、水量調査では、水質には、大都市で見られるような水質悪化は見られないが、詳細な調査が井水、用水、河川ごとに行われる必要がある。
5. 住民の水利用状況については、全体的にいえば、日常生活に密着した利用行為は確実に減少している。そのこと

写真1 柳町筋につくられた水路横の「ミニ・ポケットパーク」。ここに座ると、いろいろな情報が五体に入ってくる

　が、伝統的水利用施設の放置や、閉鎖、管理の低下として現れている。
6. 水空間の利用者は高齢者が多く、若人は利用率が低下している。また、水を管理する人は限られた人たちになりつつある。一方では、街中の商店街にある水路空間を「もてなし」と「商い」と「情報伝達の空間」として、道ゆく人の目を楽しませる造形が増えている。
7. 水の町らしさを街並に表現する手段として、水を媒介とした水舟、盆栽、池などの新たな空間表現が街の中に広がっている。
8. 車の利用が増加したことで、水路空間の自由な表現がしにくくなっているところが多く見られる。
9. 水空間の意識調査で、多くの住人は、地域に根ざした水利用施設を充実させていく方向を望んでいることがわかった。その一方で、日常的に水利用していない住人からは、観光客が求めるような水辺利用空間づくりに価値を求める人が多く見られた。
10. 水にまつわる意識は、防災や、環境保全などの整備要求、活用提案など多方面に向いていることがわかった。

　次年度以降の取り組みについては、
(1) 水利遺構や伝統的水利用施設など、歴史的資源の価値を認識した町づくりを進める。
(2) 歴史的景観を構成している水路や河川は、景観デザインに関する条例を活用する。
(3) これまで創設された水空間(ポケットパーク、親水広場など)は、見直しをして改修を行い、水空間が住民から親しまれるように磨きをかける。

　など、数十年にわたって取り組んできた伝統的水空間を活用した町づくりを継承しながら、なお八幡の水の特性を活かしてゆこうという意識をもった住人が多いことがわかった。

昭和50年頃の八幡の「水の恵み」をもたらす水空間

「宗祇水」祭りをはなやかにいろどる野だて

防火用貯水池を背にする「水神」

水難から守る「地蔵尊」

水路横の洗い場に溜まる泡を眺める犬

川水の水路をせき止めビールを冷やしている

軒先の水路で水遊びをするお母さんと子供たち

小水路横に川魚を入れる"いけす"と洗い場を付設しているところ（柳町用水）

新町筋の「郡上おどり」風景。街路の横には島谷用水が流れている

島谷用水・取水口下部の堰。そこで遊ぶ子供達。ここには川魚が集まってくる

長良川岸辺に設けられた「やな」(川魚をすくいとる施設)

洗い場の前を通り過ぎる着物姿の乙女、それをまばゆく眺める人。その横を流れる水。八幡固有の風景

個人用の洗い場に使われる「せぎ板」と「ひざあて」

用水路を清掃する人々

川で大根を洗う乙女たちの絵

街中の「井戸」。今も使われている

吉田川右岸にある湧水を利用している「共同洗い場」。中央高壇に「水神」が祀られている

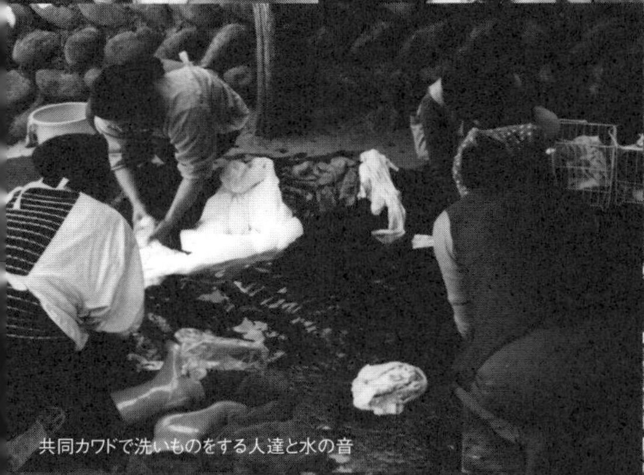

「川掃除当番」の標示板。この標示板があるところが水路の清掃を行っている

島谷用水の水面を利用している様子

長良川にある「渡し舟」の光景（1973年頃）。勝更の渡し場と呼ばれている

共同カワドで洗いものをする人達と水の音

乙姫谷川の水を取水する「せぎ板」が立てられている様子

小駄良川の落水の造形美。中央に魚道

カワドに集まり「井戸端会議」が始まっている

この水路で藍染の水洗いが行われる

小駄良川を中央に見る。手前が吉田川

乙姫谷川から引水している「水門」

犬啼谷川の「水屋」前で水遊びする少年たち

水路の中に入って遊ぶ姉弟たち

「宗祇水」の前に集う人々。
湧水は心も清めてくれる(「八幡町勢要覧、1983」より)

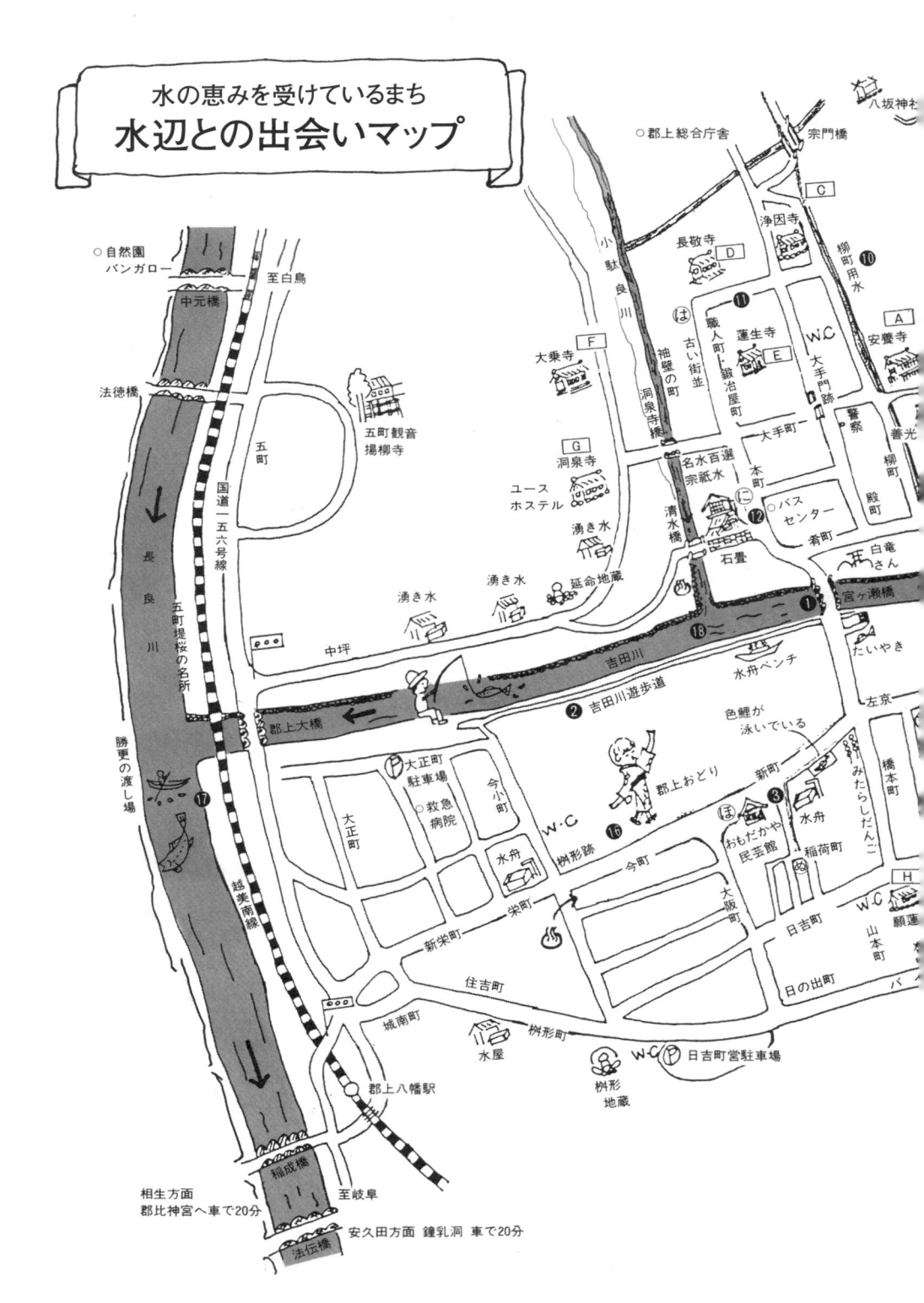

水の恵みを受けているまち
水辺との出会いマップ

水空間のあるところ

① 宮ヶ瀬橋から川を眺める
② 吉田川遊歩道を歩こう
③ 新町水舟周辺でちょっと一息
④ 役場前水舟前で記念撮影
⑤ さつき通りを歩いてみよう
⑥ 愛宕公園周辺めぐり
⑦ 八幡大橋から桜町へ
⑧ 学校橋そばの「おどり水車」(ポケットパーク)
⑨ 折口信夫碑の前で一休み
⑩ 柳町用水沿いに宗門橋へ
⑪ 職人町・鍛冶屋町通りを散歩
⑫ 宗祇水で記念撮影
⑬ 島谷用水の取水口でひと息
⑭ 用水路沿いの遊歩路
⑮ 乙姫川の洗い場
⑯ あひるが棲んでいる池
⑰ 勝更の渡し、長良川の清流
⑱ 吉田川の川原で水音をきいてしばし憩う

史跡のあるところ

⒤ 城山公園周辺の散策
⒭ 郡上八幡城で町を展望
⒣ 職人町あたりの古い街並散策
⒥ 宗祇水で連歌を詠う
⒣ おもだかや民芸館で歴史を探る
⒣ 藍染の渡辺家(予約が必要)
⒯ 常磐町・朝日町の古い街並散策
⒡ 藤細工
⒥ 愛宕公園周辺散策
将軍池・墨染桜・三十三観音
⒩ 遊童館で楽しもう

お寺や神社のあるところ

AからJまで

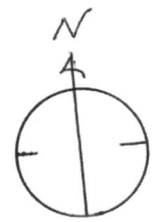

*1. 住居が密集しているところは拡大表現しているため現状と合わないところがある。
*2. マップ作成は1984年。これに2008年に加筆した。年月の経過があるため現存しないもの、変化したものなどがある。
*3. 昭和60年(1985)から、新しく創られたポケットパークの半数がプロットされている(5章の図1も持参されるとよい)。
*4. この「マップ」を持って水路や河川沿いを散歩されると、様々な水の造形美に触れることができると思います。

八幡町の水に関する活動の年表
(筆者が関係した活動や計画など)

西暦	昭和平成	筆者の水に関する活動と関連する動向
1970	45	・昭和42年頃から国内城下町の水路調査を始める。
	46	・京都の水路網の調査を行う。
	47	
	48	・八幡町の水空間と出会う。 ・水利用の調査を開始する。
	49	
1975	50	
	51	
	52	・町内の水利用調査の中間成果を『都市住宅』7703号で発表。調査メンバー、堀込憲二、郭中端、渡部一二、他5名。
	53	・日本建築学会の水処理の専門家を八幡に招待し、提案をさぐる。
	54	・建築学会の「水環境保全協議会」が設置される。
1980	55	・町内の水関係者(主として「さつきの会」)と定期的に水に関する情報交換会を始める。
	56	
	57	・八幡町の水文化に関する調査成果について「岐阜NHKテレビ」で発表する。
	58	・八幡町役場より「水空間を活用した町づくり構想」(水のマスタープラン)の調査依頼を受ける。
	59	・水をテーマにした「ポケットパーク」の提案を行う。
1985	60	・環境庁が選定した「名水百選」に選ばれる。 ・8月に環境庁主催の「全国水環境保全市町村シンポジウム」が開催される(コーディネーター・渡部)。
	61	
	62	・「八幡町の水浄化方策」の基本構想の策定を依頼される(2カ年間)。
	63	・水浄化方策に関する策定原案を報告する。
	平成1	・柳町用水の水浄化(用水と生活排水の分流方式の提案)計画を行う。 ・郡上郡の団体9,000人が参加して「郡上—川と水の会」が発足する。
1990	2	・ポケットパーク計画が住民参加型で始まる。この頃数カ所が完成する。
	3	・滋賀県・甲良町「町づくり委員会」が訪れ、ポケットパークや水路利用状況を見学する。
	4	
	5	・水利用の調査・計画に関する書『水縁空間』を3人の調査メンバーによって発刊する。 ・公共下水道全体計画を策定。
	6	・水をテーマにした「ポケットパーク」がほぼ完成する。
1995	7	
	8	・町民による「まちづくり協議会」が発足する。

	9	・「水の恵みを活かすまち」と題したパンフレットが発刊される。
	10	
	11	・全国都市景観100選・選定事業に八幡町が選定される。
2000	12	
	13	
	14	・日経新聞(5・16)文化欄で八幡町の水について紹介する。
	15	・月刊誌「ウエンディ」に「水の町―郡上八幡」と題して紹介する。
	16	・「RE」誌に「名水の町・郡上八幡」と題した小論文を発表する。
		・郡上市が誕生(八幡町と6町・村が合併する)。
2005	17	・水空間の整備事業に関する実態を把握するための調査を依頼される(研究者3人)。その報告書がまとまる。
	18	
	19	
	20	・公共下水道整備事業が完成する。
	21	・八幡町内に仮称「水の学校」づくりの構想を提案する(設立に向けて準備開始)。
2010	22	・8月『水の恵みを受けるまちづくり』を発刊する。

あとがき

　いためつけられている東京の川や水路の姿を見たのが発端となり、各地の城下町の水空間の調査、研究、計画が今ではライフワークとなってきたが、振り返ってみると、あのときの川からの声は、「川を守る人になれ」との遺言ではなかったかと思うことがある。

　水と話ができるようになったのは、八幡の水利用調査に専念し、水空間再生への活動を続けているうちに体得したものであった。

　天(神)は語らず、水をして語らしむ

　と諺にもあるように、水と向き合っているうちに、想像をこえた教訓と知恵を授かっているのに気づいた。

　水と語るなかで忘れられないのは、「水にも喜怒哀楽の情があります。大地を流れる水が喜んで海に帰って行く都市空間を、人の手で用意して下さい」と何度となく聞いたことである。

　今、求められているのは、都市のなかを、水が喜んで流れてゆく空間……「喜水」の空間を身近なところにどのような環境で招き入れるか、ということであろう。

　八幡町の水空間にここまで深く、長く関われたのは、多彩な水造形に魅了されたことは言うまでもないが、町方の多くの人々に快く迎えられ、期待され、協力をいただいたことが背景にあったからである。なかでも「さつきの会」の方々には、大変お世話になった。

　この濃密な「水縁」と結ばれていなければ、希望通りの水利用調査は進まなかったであろう。また、具体的な計画策定とポケットパーク創設は、実現しなかったであろう。

　あらためて、八幡町の方々に紙面をかりて感謝の意を記させていただく。

　水利用調査の第一期としての成果は、2章に要約して明記しているが、この多くは、堀込憲二氏、郭中端氏の手によるものであり、これに筆者が加筆している。

　第一期の調査は、昭和51年秋に終了し、その後、作図や説明文を書き起こしたものを『都市住宅 1977.03 特別号』(1977年、鹿島出版会)で発表したことで初期の目的を果たすことができた。この特集号は間もなく売り切れとなり再版の計画がもちあがったが、筆者等の生活環境の急変などがあって

その原稿は本棚の一角に積まれていた。
この状況を忘れない人——植田実氏がいた。
昭和47年から『都市住宅』に「環境系としての水」を連載したのは、当時編集長であった同氏から声をかけていただいたときからはじまる。その後、単行本にすることを薦められ、その結果、『水縁空間——郡上八幡からのレポート』（1993年、住まいの図書館出版局）という書になって世に出た。
八幡町の伝統的な水利用形態を詳細に調査し、水利用システム、住民による水管理方法、水空間を核とした環境整備事業計画等は、筆者等の調査グループにとって貴重なノウハウとなって蓄積することとなった。
これらの情報は、水路や湧水群をもつ自治体から要請があり、再生計画に参画する機会を得た。
この書がでたころ、農水省は全国の農村集落環境整備事業を進めており、これらの事業の専門委員であった千賀裕太郎氏（東京農工大学教授）から声がかかり、農村集落に保有されている歴史的水利用遺構の保有・活用事業のチームに加えていただいた。
そこで、八幡町で進められている伝統的水利用空間の継承・活用をテーマにしたポケットパークづくりを提案させていただいた。そのコンセプトの導入が決まり、各地で具体化が進められた。そのなかで、滋賀県・甲良町、岩手県・奥州市胆沢町、石川県・松任市などの集落で水路環境の再生が実現している。
これらの自治体は八幡町へ訪れ一部実施されたポケットパークや水路の修景を見学され八幡町行政担当者等と情報の交流がはかられ、「水縁」関係が結ばれてきた。これも水の恵みをうけるまちづくりに連なっていると思った。

1章から4章に出ている図・写真・解説文は、第一期の調査時に活用したものが多い。紙面の中には、水空間が変化したり、消えたものもある。あえて過去にあったものを記録して残しておくことが当初の筆者等の目的でもあったからである。このことを念頭に入れていただき、現場で照合されながら、八幡の水を語り合われてはいかがであろうか。その一助になれば幸である。

筆者は、多摩美術大学の教員であった頃から、毎年授業で八幡の水空間の魅力を語り、デザインサーベイ（水空間を図に

して表現する方法）を課題としてきた。学生の感想文を読むと、八幡の水で体験した喜びが熱っぽく語られているものが多かった。

　レポートの中には、水の美をテーマにした写真とすばらしい絵図が描かれているものもたくさんあった。それらの中から選び出して紙面に載せたものもある。

　5章の「ポケットパーク計画」作業では、様々な立場の方に参加していただいた。その中で図化していただいたのは、島木英文氏、渡辺富雄氏、工藤昇氏、笠野勝氏、柴田勇治氏、水野政雄氏であり、これが原案となった。

　このポケットパーク原案を実現するためには、住民の協力、行政のサポートが欠かせない。これらの進行、調整、計画者の代弁役をつとめられたのは、当時町役場建設課の武藤隆博氏であった。原案の主意を理解され、献身的な協力や助言をいただいたことで30数個所のポケットパークは実現した。ここに感謝の意を記させていただく。

　6章に記した創出された水空間の保有状態の全体像を把握する調査作業を終了した（平成17年）ころから、筆者が思索してきたことは、八幡の水のことにこだわり、調べ、学び、デザインしてきた足跡は次世代の人々にとって有用な情報になりはしないか、ということであった。

　その方法として、書面にすれば、八幡の伝統的水空間を未来へ継承する礎石となるし、八幡の水への報恩になれば、と考えた。

　この着想を、当時、大学院生であった須藤訓平氏、佐藤千枝氏に、山と積まれた資料を見せながら語ると、賛同をいただき、「書」となる原稿づくりの共同作業をひきうけてくれた。そこで「水の恵みを受けるまちづくり」という書名が浮かび、原稿の体裁が整った。

　このテーマを核として原稿の再編を行い初稿とした。

　これに目を通していただいたのは、鹿島出版会の橋口聖一氏であった。この出会いと水縁が結ばれなければ、本書の姿はここにない。発刊決定が知らされたとき、これは「八幡水神」からの恵みだと、感謝した。

　今（2010年）、八幡の水を教育環境とするため、八幡の街のなかの商家を借り受けて「水の学校」を創設しようと苦心している。この書がこれからトップランナーとなって、賛同者が集われ実現することを願っている。

　この書が「水縁」の媒体となり、今よりも浄化された水が

喜んで水音をたてて流れ、人々を潤し続けることを念じて、
この書を、「水の町・八幡」と「水神様」へ捧げる。

2010年8月
渡部一二

著者
渡部一二
わたべ かづじ

1938年　北海道小樽市に生まれる。
愛媛県五十崎町、小田川のほとりで育つ（少年期12年間）。
1963年　前橋市立工業短期大学（現・前橋工科大学）卒業。
1967年　日本大学理工学部建築学科卒業。
1967年　内井昭蔵建築設計事務所に勤務。
1972年　東京芸術大学美術学部修士課程修了学（建築学、環境設計専攻）。
この間、国内およびインド、イタリア、スイス、フランス、アメリカ、中国の大都市の「水造形」調査、研究に歩く。
1973年　郡上八幡の水と出会う
1973年より多摩美術大学美術部、建築学科専任講師を経て、
現在、多摩美術大学名誉教授、水縁空間デザイン研究所代表、農学博士

水造形の作品
・神戸ポートアイランド博覧会「ハートピア館」の水の広場設計（兵庫）
・荒川区立遊園内「水の塔」のデザイン（東京）
・郡上八幡町内の「ポケットパーク」設計（岐阜）
・武蔵学園キャンパス内「濯川蘇生」計画（東京）
・甲良町「せせらぎ遊園の街」調査・計画（滋賀）

著書および主論文
・「特集―水辺空間の構造」『都市住宅』1977年3月号、鹿島出版会
・「建築と水空間」『プロセスアーキテクチャー』24号、プロセスアーキテクチャー社
・「風土の形成へ導く水の空間」『建築雑誌』（創立90周年記念事業・懸賞論文入選佳作）、昭和52年1月号、日本建築学会
・「都市環境を潤す水の空間の役割」『建築雑誌』昭和54年2月号、日本建築学会
・『生きている水路』東海大学出版会
・『川は友だち』農業土木学会企画、農文協（共著）
・『農村環境整備の科学』朝倉書房（共著）
・『水縁空間』住まいの図書館出版局
・『農業土木ハンドブック（改訂6版）』（執筆）
・『水路の用と美』山海堂
・『水土を拓いた人びと』農業土木学会編、農文協（共著）
・『神々と森と人のいとなみを考える』水の巻、代々木の杜80フォーラム（共著）
・『河川文化』（その1）、日本河川協会（共著）
・『水路の親水空間計画とデザイン』技報堂出版
・『図解 武蔵野の水路』東海大学出版会
・『江戸の川・復活』東海大学出版会

水の恵みを受けるまちづくり
郡上八幡の水縁空間

2010年8月30日　第1刷発行

著者	渡部一二
発行者	鹿島光一
発行所	鹿島出版会
	104-0028 東京都中央区八重洲2丁目5番14号
	Tel (03)6202-5200
	振替 00160-2-180883
印刷・製本	壯光舎印刷
デザイン	高木達樹(しまうまデザイン)

無断転載を禁じます。
落丁・乱丁本はお取替えいたします。
©Kazuji Watabe, 2010
ISBN978-4-306-07277-0　C3052　　　Printed in Japan

本書の内容に関するご意見・ご感想は下記までお寄せください。
http://www.kajima-publishing.co.jp
info@kajima-publishing.co.jp

関連書

東京エコシティ
新たなる水の都市へ

「東京エコシティ」展実行委員会
法政大学大学院エコ地域デザイン研究所
東京キャナル・プロジェクト実行委員会 編

B5並・144頁・定価2,625円(本体2,500円+税)

水都・東京の全貌! 徳川家康入府から続く江戸・東京の歴史は、水をめぐって繰り広げられた都市創造のドラマでもあった。本書は、その誕生、発展、衰退、再生を辿る一大年代記!

主要目次
第1部 水の都市・東京の400年
1章　湿原から寛永の江戸へ(1590〜1657年)──「水の都市」の誕生
2章　100万都市江戸(1657〜1868年)──「水の都市」の発展
3章　近代都市東京の発展(1868〜1945年)──モダンな「水の都市」への転換
4章　高度成長期を迎える東京(1945〜1973年)──水辺の破壊と喪失
5章　近現在の東京(1973〜2005年)──「水の都市」の再生へ

第2部 東京エコシティを読み解く7つのテーマ
1章　地層の成り立ち
2章　都市の形成──水の都市から陸の都市へ
3章　河川整備と洪水
4章　自然のエコロジー[東京湾のすがた／東京湾の生物と漁業／東京の都市組織 3つの型／文学作品から読む隅田川の水質変化／他]
5章　暮らしのエコロジー[水のネットワーク／水辺の産業／水辺の暮らし・遊び]
6章　水際のデザイン[水辺の近代建築／現代の水際のデザイン]
7章　新たなる水の都市へのコンセプト

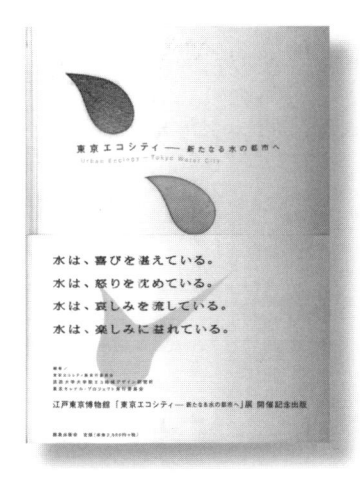

鹿島出版会　〒104-0028　Tel. 03-6202-5201　http://www.kajima-publishing.co.jp
　　　　　　　東京都中央区八重洲2-5-14　Fax.03-6202-5204　E-mail:info@kajima-publishing.co.jp